Nadja Sigrist · David Spreng (Hrsg.)

Erstversorgung von Traumapatienten

Nadja Sigrist · David Spreng (Hrsg.)

Erstversorgung von Traumapatienten

schlütersche

Bibliografische Information der Deutschen Nationalbibliothek
Die Deutsche Nationalbibliothek verzeichnet diese Publikation in der Deutschen Nationalbibliografie; detaillierte bibliografische Daten sind im Internet über http://dnb.ddb.de abrufbar.

ISBN 978-3-89993-077-1 (Print)
ISBN 978-3-89993-326-6 (PDF)

Herausgeber
Dr. Nadja Sigrist, FVH, DACVECC
Vetsuisse-Fakultät Bern,
Departement für Klinische Veterinärmedizin

Prof. Dr. David Spreng, DECVS, DACVECC
Vetsuisse-Fakultät Bern,
Departement für Klinische Veterinärmedizin

Programmleitung:	Dr. Ulrike Oslage
Satz:	PER Medien+Marketing GmbH, Braunschweig
Druck und Bindung:	Werbedruck Aug. Lönneker GmbH & Co. KG, Stadtoldendorf

Inhalt

Abkürzungsverzeichnis

Abb.	Abbildung(en)
ATP	Adenosintriphosphat
Bsp.	Beispiel(e)
bzw.	beziehungsweise
ca.	circa
CPDA	citratbasiertes Antikoagulans (Citrat, Phosphat, Dextrose, Adenin)
CO_2	Kohlenstoffdioxid
CT	Computertomographie
d.h.	das heißt
DPL	diagnostische Peritoneallavage
EDTA	Ethylendiamintetraazetat
EKG	Elektrokardiogramm
evtl.	eventuell
F	French
FAST	*focused assessment with sonography for trauma*
FiO_2	inspiratorische Sauerstoffkonzentration
G	Gauge
h	Stunde(n)
i.d.R.	in der Regel
i.m.	intramuskulär
i.v.	intravenös
IVP	intravenöse Pyelographie
Kap.	Kapitel
KFZ	kapilläre Füllungszeit
kg	Kilogramm
kg KM	Kilogramm Körpergewicht/-masse
MAP	mittlerer arterieller Blutdruck
min	Minute(n)
ml	Milliliter
MRT	Magnetresonanztomographie
NMDA	N-Methyl-D-Aspartat
NSAID	nichtsteroidale Entzündungshemmer
O_2	Sauerstoff
pCO_2	Kohlendioxidpartialdruck
PaO_2	arterieller Sauerstoffpartialdruck
resp.	respektive
s.	siehe
s.c.	subkutan
s.o.	siehe oben
SpO_2	Sauerstoffsättigung
s.u.	siehe unten
Tab.	Tabelle(n)
tgl.	täglich
v.a.	vor allem
vgl.	vergleiche
z.B.	zum Beispiel

Die Autoren

Dr. Mark Dickomeit (Kap. 6)
Vetsuisse-Fakultät Bern,
Departement für Klinische Veterinärmedizin

PD Dr. Franck Forterre, DECVS (Kap. 4.2)
Vetsuisse-Fakultät Bern,
Departement für Klinische Veterinärmedizin

Dr. Daniela Gorgas, DECVDI (Bildgebende Diagnostik)
Vetsuisse-Fakultät Bern,
Departement für Klinische Veterinärmedizin

Dr. Isabelle Iff, DECVAA (Kap. 7)
Veterinary Anaesthesia Services-International, Winterthur

Dr. Nadja Sigrist, FVH, DACVECC (Kap. 3, 4.1 und 5)
Vetsuisse-Fakultät Bern,
Departement für Klinische Veterinärmedizin

Prof. Dr. David Spreng, DECVS, DACVECC (Kap. 1 und 2)
Vetsuisse-Fakultät Bern,
Departement für Klinische Veterinärmedizin

Vorwort

Die Notfall- und Intensivmedizin hat sich in den letzten Jahren rasant entwickelt und für die Tierbesitzer zunehmend an Bedeutung gewonnen. Die Traumatologie, das Steckenpferd der beiden Herausgeber, ist seit jeher ein großer Bestandteil der Kleintiernotfallmedizin. Die Bandbreite der zu behandelnden Probleme ist sehr vielseitig und reicht von Bisswunden bis hin zu polytraumatisierten Tieren nach einem Autounfall. In den letzten Jahrzehnten hat sich insbesondere auch die Erkenntnis etabliert, dass die systemischen Folgen eines Traumas weitaus dramatischer sein können als das lokale Problem der traumatisierten Körperregion.

Mit diesem Buch soll eine Lücke in der deutschen veterinärmedizinischen Literatur geschlossen werden. Das Gebiet der Notfallmedizin wird in der Ausbildung der Studenten häufig vernachlässigt. Die Initialbehandlung von traumatisierten Tieren liegt jedoch primär in den Händen des Haustierarztes, der Vertrauensperson des Tierhalters. Für diese niedergelassenen Kollegen sowie für alle Tierärzte in Ausbildung wurde dieses Buch geschrieben. Der erstbehandelnde Tierarzt muss einen Schockzustand erkennen und behandeln können. Er muss lebensrettende Sofortmaßnahmen ergreifen und vor allem das Ausmaß des Gesamttraumas und dessen Folgen erkennen können, um den Tierbesitzer hinsichtlich des weiteren Vorgehens adäquat beraten zu können.

Seit jeher war die Traumatologie fest in den Händen der Chirurgen und insbesondere seit der Gründung der AO-Vet (Arbeitsgemeinschaft für Osteosynthesefragen) hat sie sich zu einem Thema der Orthopäden entwickelt. Dies hat dazu geführt, dass sich die Behandlung der traumatisierten Tiere vor allem auf die Diagnostik und Therapie der Verletzungen des Bewegungsapparates konzentrierte und entsprechend die Evaluation von Weichteilverletzungen eher nebensächlich abgehandelt wurde. Dieses Buch ist explizit kein Lehrbuch zur Behandlung von Frakturen: In der deutschen Fachwelt sind unzählige Kurse durchgeführt und Lehrbücher über dieses Thema geschrieben worden. Es sind jedoch nur wenige Quellen vorhanden, die den diagnostischen und therapeutischen Weg bis zur sicheren Frakturbehandlung beschreiben.

Dieses Buch ist nach der Wichtigkeit der verschiedenen Körperregionen – Thorax mit Atmung und Kreislauf, ZNS, Abdomen und schließlich Gliedmaßen – aufgebaut und beschreibt die verschiedenen Stabilisierungsmaßnahmen praxisnah im Detail und mit viel Bildmaterial. Die wichtigsten diagnostischen und stabilisierenden Maßnahmen jeden Kapitels werden in einem eigenen Kapitel in Flowcharts zusammengefasst und ermöglichen so ein schnelles Nachschlagen im Notfall.

Wir möchten es nicht unterlassen, unseren Mentoren und unseren Mitarbeitern aus aller Welt zu danken. Wir, die Herausgeber, wurden von Pionieren der Kleintiernotfallmedizin aus den USA inspiriert und haben versucht, deren Gedanken zur Traumatologie den europäischen Gegebenheiten anzupassen. Diese Anpassung ist ein kontinuierlicher Prozess, dementsprechend wird sich die Initialbehandlung des traumatisierten Kleintieres in den nächsten Jahren weiterentwickeln. Wir freuen uns auf diesen Prozess, zu dessen Umsetzung in die Praxis wir mit diesem Buch beitragen wollen.

Bern, im Mai 2010
Nadja Sigrist und David Spreng

Einleitung

David Spreng

Die Behandlung von Traumapatienten ist integraler Bestandteil der heutigen modernen Kleintierpraxis. Ein minimales Trauma beim Spielen bis hin zum massiven Polytrauma nach einem schweren Autounfall sind möglich (Abb. 1.1). Traumatische Veränderungen sind immer als potenziell lebensbedrohliche Situation zu beurteilen (Abb. 1.2). Deshalb gilt die Regel, Tiere mit einer Traumaanamnese möglichst rasch zu untersuchen: Lebensgefährliche Zustände müssen erkannt und frühzeitig behandelt sowie Verletzungen richtig beurteilt werden, um langfristige Komplikationen möglichst niedrig zu halten.

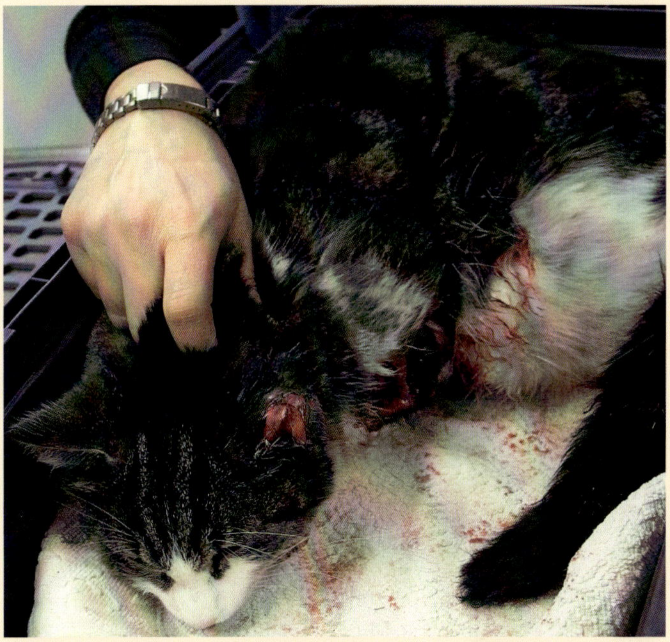

Abb. 1.1: Katze mit Ohrverletzung und offener Femurfraktur. Verletzungen sowohl vorne als auch hinten am Körper weisen auf ein Polytrauma hin, Thorax und Abdomen sollten sorgfältig evaluiert werden.

Behandle das lebensbedrohendste Problem zuerst!

Dieser Grundsatz gilt natürlich nicht nur für die Traumatologie, gerade bei traumatischer Anamnese ist jedoch häufig mit versteckten Verletzungen zu rechnen. Werden diese nicht frühzeitig entdeckt, entstehen größere Probleme im Verlaufe der Behandlung. Als Beispiel sei eine Katze mit einer einfachen Schrägfraktur des Femurs und gleichzeitiger nicht diagnostizierter Diaphragmalhernie erwähnt. Falls die Katze mittels Injektionsanästhesie am Femur operiert wird, ohne dass eine entsprechende Abklärung möglicher weiterer Verletzungen durchgeführt wurde, steigen die Morbidität sowie die Mortalität solcher Fälle dramatisch an.

Aus diesem Grund ist ein systematisches diagnostisches Vorgehen bei der Aufarbeitung von Traumapatienten notwendig. In der Folge soll ein einfaches Traumaevaluationssystem für die Kleintierpraxis vorgestellt werden. Es unterscheidet sich wesentlich von den viel komplizierteren Traumaallogarithmen der Humanmedizin, ist aber gerade deshalb sowohl in der Praxis wie auch in größeren Kliniken mit vielfältigen bildgebenden diagnostischen Hilfsmitteln anwendbar.

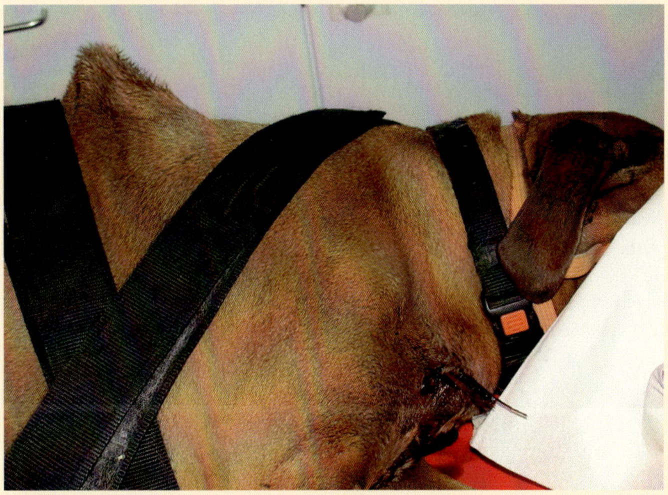

Abb. 1.2: Alle traumatischen Verletzungen können potenziell lebensgefährlich sein. Im Bild ein Fremdkörper in der Thoraxregion, bei dem nicht klar ist, ob und in welchem Ausmaß er lebenswichtige Organe verletzt hat.

1 Vorbereitende Maßnahmen

David Spreng

1.1 Vorbereitung auf Notfälle in Praxis und Klinik

Abb. 1.3: In größeren Kliniken sollte ein Raum oder Raumteil für Notfälle reserviert und ausgestattet sein. Die nötigen Utensilien (s. auch nebenstehende Aufzählung) müssen gut zugänglich sein und regelmäßig auf Vollständigkeit und Funktionalität geprüft werden.

Um ein traumatisiertes Tier adäquat zu behandeln, benötigt der Tierarzt ein motiviertes, gut ausgebildetes Team. Durch vorbereitendes Üben einer Notfallsituation kann das Team seine Stärken und vorhandenen Schwächen erkennen, und sich so optimal für den Ernstfall vorbereiten.

In Kliniken mit großen Patientenzahlen mag es sinnvoll sein, einen Raum für Notfälle zu reservieren oder die Anästhesievorbereitung zusätzlich so auszustatten, dass lebensrettende Maßnahmen schnell und effektiv durchgeführt werden können. Falls ein eigener Raum für die Untersuchung und Behandlung von Notfall- bzw. Traumapatienten eingerichtet wird, sollte dieser möglichst gut zugänglich sein. Es sollten minimal eine Schermaschine, Material zur Intubation, Sauerstoff, ein Ambubeutel, Infusionsbestecke und Infusionen vorhanden sein (Abb. 1.3). In Kleintierpraxen mit kleinem Patientenaufkommen kann ein sogenannter „Notfallkoffer" mit den wesentlichsten Materialien bestückt werden. Die Vollständigkeit des Notfallmaterials wird in beiden Fällen regelmäßig durch das technische Personal kontrolliert und visuell markiert.

Notfallequipment im Traumaraum:
- Endotrachealtuben: Größen 3–14 vorbereitet für die Intubation (mit Stilett und *cuff*-Spritze);
- Laryngoskope;
- Notfallmedikamente (Epinephrin, Lidocain, Atropin, Dextrose, Na-Bicarbonat), Spritzen und Nadeln;
- Desinfektionslösungen und Seifen zum Setzen eines i. v.-Katheters;
- Infusionszubehör: Venenkatheter, Verlängerungen, intraosssäre Trokare;
- Thorakozentese-Set: Nadeln/Flügelkatheter, Dreiwegehahn, Verlängerungen, 10-ml-Spritzen;
- Material zur Notfallblutentnahme;
- Kleines Chirurgiebesteck;
- Messgeräte (EKG, Blutdruck, Pulsoximetrie);
- Chirurgische Absaugevorrichtung;
- Sauerstoff.

1.2 Erste Hilfe und Transport vom Unfallort zum Tierarzt

Tierbesitzer können einen signifikanten Beitrag zur Rettung traumatisierter Tiere leisten. Die Person in der Klinik, welche das Notfalltelefon bedient, muss versuchen, vom Tierhalter Informationen über die Art der Atmung, den Bewusstseinszustand und den Perfusionszustand des verletzten Tieres zu erhalten. Insbesondere bei einem Straßenverkehrsunfall muss jedoch als Erstes sichergestellt werden, dass sich der Anrufer selber aus der Gefahrenzone entfernt und sich vor Bissverletzungen schützt. Verletzte Tiere sollten möglichst ruhig gehalten werden, idealerweise werden sie in einem Käfig transportiert. Insbesondere nicht mehr gehfähige Tiere sollten nur vorsichtig angehoben werden und die Hals- sowie die thorakale Wirbelssäule möglichst wenig bewegt werden. Bei bewusstlosen Tieren sollten vorsichtig die Atemwege freigehalten werden. Offene Wunden sollten, wenn möglich, abgedeckt werden. Stark blutende Wunden sind mit einem Druckverband unmittelbar über der verletzten Stelle zu behandeln. Penetrierende Fremdkörper sollten belassen und eventuell zum Transport fixiert werden. Verbände können bei Katzen kontraproduktiv sein, ein ruhiger Transport in einem abgedunkelten Käfig ist vorzuziehen. Zum Transport in die bzw. in der Klinik sollten stabile Wagen (mobile Tragbarren, Abb. 1.4) mit großen Rollen vorhanden sein.

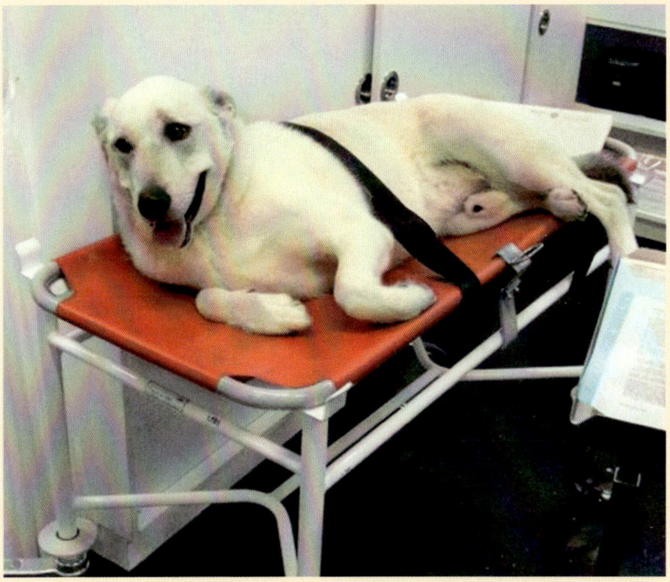

Abb. 1.4: Transport eines Hundes mit potenziellem Wirbelsäulentrauma. Die vorsichtige Manipulation von Traumapatienten mit Parese oder Plegie ist wichtig, um eine Verschlimmerung der Verletzung zu verhindern.

2 Triage und Assessment des Traumapatienten

David Spreng

Flowchart zu diesem Kapitel siehe Seite 114

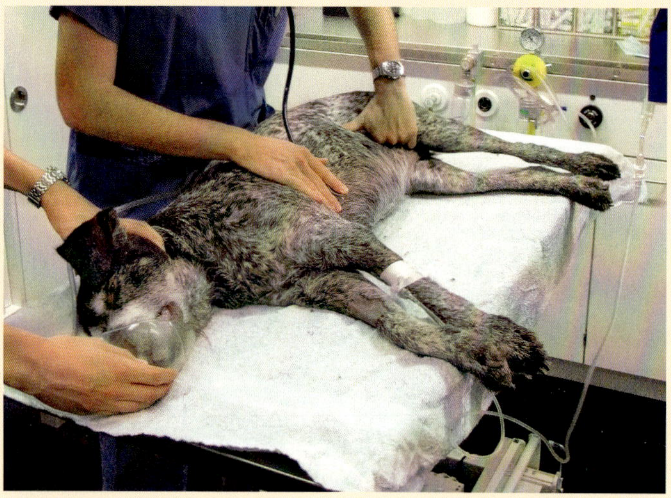

Abb. 2.1: Die lebenswichtigen Organfunktionen Atmung, Kreislauf und Bewusstsein werden kurz evaluiert und vor weiteren klinischen und diagnostischen Untersuchungen stabilisiert.

2.1 Triage

Die Identifikation von nicht stabilen Traumapatienten bedingt eine Triage. Triage bedeutet „sortieren“, respektive die Einteilung in stabilen versus instabilen Zustand des Patienten auf drei Ebenen:

- Am Telefon mit dem Besitzer, wenn anhand von Anamnese und klinischen Symptomen entschieden werden muss, ob der Patient sofort vorgestellt werden muss oder nicht;
- Beim Eintritt in die Praxis oder Klinik, wenn sich mehrere Patienten gleichzeitig im Wartezimmer befinden;
- Bei der klinischen Untersuchung des Patienten, wenn die verschiedenen Organsysteme beurteilt werden.

Atmung, Kreislaufparameter und Bewusstsein spielen eine wichtige Rolle und werden vorrangig untersucht und stabilisiert.

2.2 Prinzip der ABC-Untersuchung

Die initiale Untersuchung des Patienten soll eine Übersicht über die lebenswichtigen Organe – Lunge, Herz/Kreislauf und ZNS – geben (Tab. 2.1). Offensichtliche äußere Verletzungen werden bei dieser Kurzuntersuchung ebenfalls registriert (Abb. 2.1).

Durch die Triage-Untersuchung sollen akut lebensbedrohliche Situationen frühzeitig erkannt und therapiert werden. Nach dem ABC-Prinzip *(**a**irway, **b**reathing, **c**irculation)* werden initial die Atemwege kontrolliert, gefolgt von der Beatmung und der Stabilisation des Kreislaufs.

Folgende Fragen sind in diesem Zusammenhang hilfreich:

- Wie ist der Bewusstseinszustand?
- Sind die oberen Atemwege frei und offen, sind Frakturen von Gesichtschädel/Nase vorhanden? Gibt es Nasenbluten?
- Wie ist der Charakter der Atmung? Wie sind Atemfrequenz und Atemtyp? Liegt Dyspnoe vor?
- Ist eine Zyanose sichtbar?
- Sind Lungengeräusche beidseitig normal, verstärkt, gedämpft oder abwesend?
- Sind offensichtliche Wunden am Thorax vorhanden, ist ein Emphysem vorhanden?
- Gibt es Zeichen eines hypovolämischen Schocks? Wie sind Pulsrate/-qualität, Schleimhautfarbe und kapilläre Füllungszeit?
- Ist die Herzauskultation normal, gedämpft, arrhythmisch?
- Sind offensichtliche Blutungen vorhanden?

Tab. 2.1: Interpretation von Trauma-Triage-Parametern

Parameter	Befund	Diagnose
Bewusstseinsgrad	Depression	Schmerz, ZNS-Trauma
	Anfälle, Stupor, Koma	Erhöhung des intrakraniellen Drucks
Atemwege	keine Atemgeräusche	totale Obstruktion oder Atemstillstand
	laute Atemgeräusche	partielle obere Atemwegsobstruktion
Atmungstyp	schnell, oberflächlich	Erkrankung des Pleuralraums
	angestrengt	Lungenkontusionen
Herzfrequenz	Tachykardie	ungenügende Koronardurchblutung
	Bradykardie	ungenügende Herzauswurfleistung
Pulsqualität	schwacher Femoralispuls	schlechte periphere Perfusion
	pochender Puls	hyperdynamische Perfusion
Kapilläre Füllungszeit	<1 s	hyperdynamischer Zustand
	>2 s	schlechte periphere Perfusion
Schleimhautfarbe	weiß	Anämie, hochgradiger Schock
	blau	schlechte Oxygenierung
	rot	hyperdynamischer Zustand oder periphere Vasodilatation
	Petechien oder Ekchymosen	Koagulopathie
sichtbare Blutungen	pulsierend	arteriell
	langsam schwallweise	venös

Tab. 2.2: Anamnese beim Traumapatienten

Haben Sie das Trauma beobachtet?	Die folgenden Aussagen haben einen hohen Informationsgehalt.
Wann geschah das Trauma?	Das akute Trauma ist potenziell lebensbedrohlicher.
Hat sich der Status (Respiration, Bewusstsein) des Tieres verschlechtert?	Es muss mit einer akuten Verschlechterung des Zustandes gerechnet werden.
Ist das Tier aus großer Höhe gestürzt?	Ein Thoraxtrauma ist dann wahrscheinlich, ein Thoraxröntgen indiziert.
Wurde das Tier von einem Auto überrollt?	Thorax- und Abdominaltrauma sind dann wahrscheinlich.
Hatte das Tier nur ein minimales Trauma?	Bei Frakturpatienten hinweisend auf pathologische Frakturen (Tumoren).
Konnte das Tier nach dem Trauma stehen?	Schwerwiegende Wirbelsäulenverletzungen sind bei Stehfähigkeit wenig wahrscheinlich.
Konnte das Tier nach dem Trauma normal gehen?	Frakturen der langen Röhrenknochen sowie Ileumfrakturen sind bei Gehfähigkeit wenig wahrscheinlich.
Hat das Tier vor dem Unfall uriniert?	Harnwegsrupturen sind dann wenig wahrscheinlich.
Hat das Tier nach dem Unfall einen Menschen gebissen?	Blutkontamination ist möglich, entsprechender Schutz notwendig.

Traumapatienten, speziell jene mit Atemnot, sollten vor dem zusätzlichen Stress einer klinischen Untersuchung mit Sauerstoff supplementiert und so stressfrei wie möglich untersucht werden. Die Tiere sollten die bestmögliche Haltung/Lage selber bestimmen können. Akut lebensbedrohliche Situationen in Zusammenhang mit der Atmung/Beatmung werden anhand von Atemtyp, Auskultationsbefunden und der Adspektion erkannt. Bei Hinweisen auf eine obere partielle Atemwegsstenose, wie inspiratorische Dyspnoe mit oder ohne Stridor, müssen die Atemwege freigelegt werden. Sauerstoff ist bei allen Patienten mit Atemproblemen die Therapie der Wahl, da sämtliche Ursachen bis zu einem gewissen Grad mit Sauerstoffsupplementierung therapiert und verbessert werden können. Sauerstoff sollte initial via Maske oder *flow by* mit 5–15 l/min supplementiert werden. Anschließend wird der Kreislauf stabilisiert. Hypovolämie ist eine klassische Veränderung beim akuten Traumaptienten. Es gilt daher, frühzeitig eine Schocksituation zu erkennen und diese mittels intravenöser Infusionstherapie zu stabilisieren.

Erst nach der initialen Evaluation der lebenswichtigen Funktionen und deren Stabilisation folgt eine komplette klinische Untersuchung.

2.3 Traumaanamnese

Die Anamneseerhebung kann wesentliche Informationen zur unmittelbaren Traumatisierung und der Wahrscheinlichkeit spezifischer Verletzungen erbringen. Sie ist zur Abklärung der Situation absolut notwendig. Nach der notfallmäßigen Untersuchung und Stabilisierung – Atmung/Beatmung und Schockbehandlung – sollte eine genaue Anamnese erhoben werden. Neben den standardmäßigen Fragen, wie Signalement und frühere Erkrankungen, müssen spezifische Fragen zum Traumageschehen gestellt werden, da sie wichtige Informationen liefern können (Tab. 2.2).

2.4 Assessment des Traumapatienten

Nach der primären Stabilisation des Patienten anhand des ABC-Schemas werden die verschiedenen Körperregionen des Traumapatienten systematisch genauer untersucht. Die Evaluation der Regionen wird in der hier vorgegebenen Reihenfolge durchgeführt:

- Thorax;
- Kopf und Wirbelsäule;
- Abdomen;
- Gliedmaßen.

Der Thorax und die Gliedmaßen werden statistisch gesehen am häufigsten traumatisiert: 70 % der Verletzungen betreffen den Thorax und > 60 % die Gliedmaßen (Tab. 2.3).

Durch die Systematik der Untersuchung ist gewährleistet, dass keine wesentlichen Veränderungen übersehen werden. Dies ist insbesondere bei offensichtlichen Frakturen der Fall, die die Aufmerksamkeit des Tierarztes und des Besitzers in der Regel auf sich ziehen, die aber in den meisten Fällen nicht sofort behandelt werden müssen und nicht lebensbedrohlich sind. Die aufgezeigte Reihenfolge ist sinnvoll, weil thorakale Verletzungen relativ häufig sind und im Vergleich zu den anderen Körperregionen eine höhere Wahrscheinlichkeit der Morbidität haben. Kopf- und Wirbelsäulenverletzungen werden anschließend untersucht. Dies geschieht nicht wegen der hohen initialen Morbidität dieser Verletzungen, sondern wegen des hohen Einflusses von Wirbelsäulenverletzungen auf die Langzeitprognose für das traumatisierte Tier. Als Beispiel sei eine Wirbelfraktur mit Verlust der Tiefensensibilität angeführt. Diese prognostisch fragliche Verletzung sollte möglichst rasch erkannt werden, damit der Tierarzt adäquate therapeutische Schritte planen und dem Tierhalter möglichst frühzeitig fundierte Informationen geben kann, um das weitere therapeutische Vorgehen bzw. die unter Umständen nötige Euthanasie abzustimmen. Abdominale Verletzungen sollten als Nächstes untersucht werden. Als letzte Region werden die Gliedmaßen genauer untersucht. Die Wahrscheinlichkeit einer Verletzung der Gliedmaßen ist sehr hoch, die Traumatisierungen sind jedoch in den seltensten Fällen lebensbedrohlich.

Die Untersuchung des Kreislaufsystems wird bei jeder Körperregion berücksichtigt, besonders jedoch bei der Untersuchung von Thorax und Abdomen.

Im Folgenden wird ein kurzer Überblick über das Assessment des Traumapatienten anhand der vier Körperregionen gegeben, die Details sind in den Kapiteln 3–6 zu finden.

Tab. 2.3: Betroffene Körperregionen des Traumapatienten

Körperregionen	Traumatisierungshäufigkeit
Thorax	70 %
Kopf und Wirbelsäule	10 %
Abdomen	15 %
Gliedmaßen	> 60 %

2.4.1 Thorax

In den meisten Fällen sind Verletzungen im Bereich des Thorax keine Indikation für einen chirurgischen Eingriff. Der Schweregrad von Thoraxverletzungen ist jedoch häufig ausschlaggebend dafür, ob ein chirurgischer Eingriff bzw. eine längere Anästhesie – z. B. eine operative Frakturversorgung – planmäßig und möglichst frühzeitig durchgeführt werden kann. Neben der Evaluation und Stabilisierung des Kreislaufs und der Herzfunktion kann die Untersuchung des Thorax in vier Teilbereiche untergliedert werden (Abb. 2.2) Sobald jeder der Teilbereiche als unproblematisch oder nur geringgradig verändert beurteilt wird, kann eine den Umständen entsprechend relativ sichere Anästhesie durchgeführt werden.

Die Überprüfung der Lungenfunktion und der Oxygenierung ist ohne technische Hilfsmittel sehr subjektiv und schwierig. Eine gute klinische Untersuchung des Respirations- sowie des Kreislaufapparates sind hilfreich und in vielen Fällen ausreichend. Bei polytraumatisierten Tieren mit schwersten Verletzungen des Thorax sollte jedoch nach Möglichkeit eine objektivere Evaluation erfolgen, z. B. die Bestimmung des Quotienten von arteriellem Sauerstoffpartialdruck (PaO_2) und geschätzter inspiratorischer Sauerstofffraktion (FiO_2).

Die häufigsten thorakalen Veränderungen des Traumapatienten sind Lungenkontusionen, Pleuralspaltprobleme und Rippenfrakturen.

Abb. 2.2: Feststellung der Anästhesie- bzw. Operationstauglichkeit des Patienten. Beispiel zur Evaluation der vier wichtigsten Parameter bei der Untersuchung des traumatisierten Thorax.

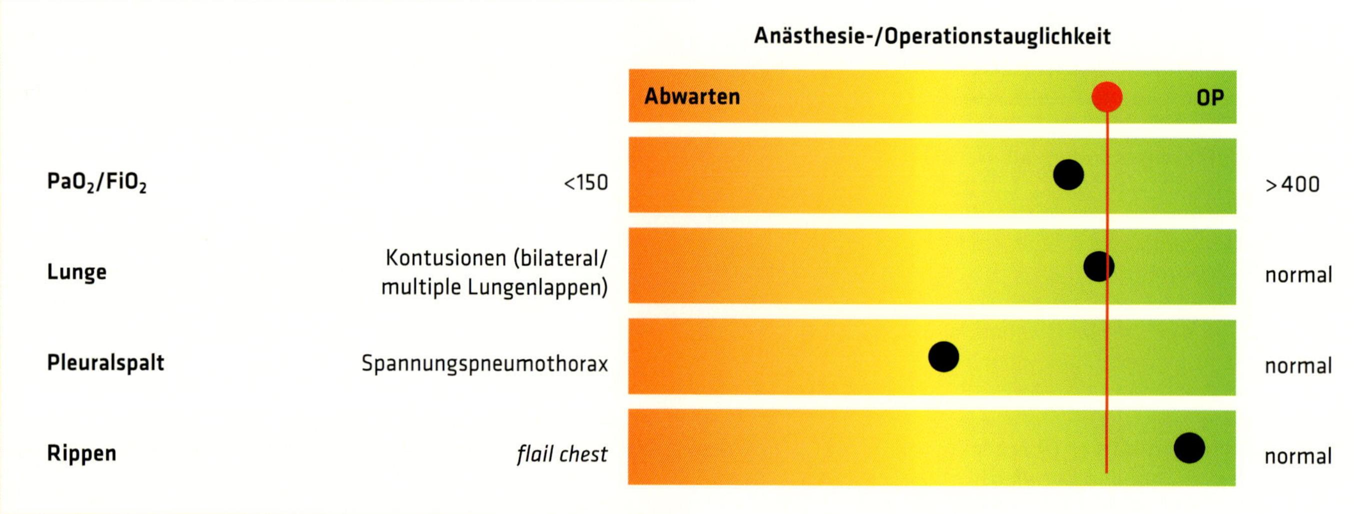

Lungenkontusionen gehören zu den häufigsten Folgen eines stumpfen Thoraxtraumas. Sie entstehen durch die Verletzung von Lungenparenchym mit Blutungen in die Alveolen und Bronchiolen. Die folgenden entzündlichen Reaktionen sowie Ödembildung und Atelektase führen zu einer Verminderung der Lungenfunktion. Klinisch sind ein variabler Dyspnoegrad und verstärkte Lungengeräusche vorhanden. Lungenkontusionen werden mit Hilfe des Thoraxröntgens oder einer Computertomographie diagnostiziert.

Die klassischen **Pleuralspaltveränderungen** umfassen den Pneumothorax, das Pneumomediastinum, den Hämothorax und die Zwerchfellhernie. Pathophysiologisch führen Pleuralspaltveränderungen zu einer Hypoventilation mit entsprechender Hypoxämie. Die klinischen Zeichen dieser Veränderungen sind eine variable Dyspnoe und Zyanose sowie verminderte unilaterale oder bilaterale Lungengeräusche, Ausnahme sind thorakal hörbare Darmgeräusche bei Zwerchfellhernien mit vorgefallenen Darmabschnitten (Abb. 2.3). Die auskultatorischen Veränderungen können ein- oder beidseitig vorhanden sein, entsprechend muss die Auskultation beidseitig und sehr gründlich durchgeführt werden.

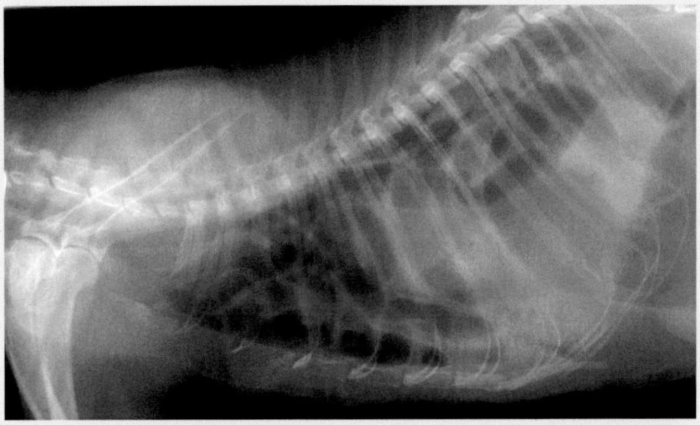

Abb. 2.3: Laterale Röntgenaufnahme des Thorax einer Katze mit Zwerchfellruptur. Das Zwerchfell ist nicht abgrenzbar und innerhalb des Thorax sind zahlreiche gasgefüllte und teils dilatierte Dünndarmschlingen sichtbar. Dieser Patient sollte nach der initialen Stabilisierung so schnell wie möglich operiert werden, um eine Inkarzeration der Darmschlingen zu verhindern.

Rippenfrakturen sind in den meisten Fällen nicht weiter problematisch, sie sind jedoch häufig die Ursache starker Schmerzen. Dementsprechend werden Tiere mit Rippenfrakturen möglichst oberflächlich atmen, ohne ihren Brustkorb zu bewegen. Ventilationsstörungen sind eine mögliche Folge der oberflächlichen Atmung, die analgetische Behandlung muss diesem Zustand angepasst und verstärkt werden (s. Kap. 7.1).

2.4.2 ZNS (Kopf und Wirbelsäule)

Eine vereinfachte neurologische Untersuchung ist das primäre diagnostische Hilfsmittel zur Evaluation des ZNS. Sie sollte durchgeführt werden, ehe das Tier bewegt oder manipuliert wird: Schwere Verletzungen, insbesondere der basalen Zentren (aufsteigendes retikuläres aktivierendes System [ARAS], Hirnstamm), sind auszuschließen. Zudem hilft die neurologische Untersuchung bei der Differenzierung zwischen zentralen (Gehirn bzw. Rückenmark) und peripheren Läsionen (Kopf- bzw. periphere Nerven).

Der Verlust der Schmerzempfindung deutet auf eine gravierende Wirbelsäulenverletzung hin, Schmerzen bei der Palpation der Wirbelsäule können ein wichtiger Hinweis für eine vorliegende Kompression des Rückenmarks sein. Die klinischen Symptome sind abhängig von der Lokalisation und dem Schweregrad der Läsion. Eine Hirnstammläsion ist in der Regel vergesellschaftet mit dem Verlust der kardiovaskulären oder respiratorischen Kontrolle. Probleme in der atlanto-axialen Region äußern sich normalerweise als starke Nackenschmerzen und Rigidität in den Extensoren aller vier Gliedmaßen. Opisthotonus, Dezerebrationsstellung (Opisthotonus mit erhöhtem Extensorentonus an allen vier Gliedmaßen) und Dezerebellationsstellung (Opisthotonus mit erhöhtem Extensortonus an den Vordergliedmaßen und Flexion der Hintergliedmaßen) deuten auf schwere Läsionen der Hirnstammregion hin. Rigidität der Extensoren an den Vordergliedmaßen mit Paralyse der Hintergliedmaßen (Schiff-Sherington-Phänomen) ist in der Regel mit tieferen schwerwiegenden Wirbelsäulenläsionen zwischen Th2 und L3 verbunden.

Ein Verlust der Motorik kann aber auch durch eine Knochen-, Muskel- oder Sehnenläsion bedingt sein. In solchen Fällen können Röntgenbilder hilfreich zur Abklärung der Ursache sein. Röntgenaufnahmen der gesamten Wirbelsäule sind immer indiziert, wenn ein spinales Trauma vermutet wird.

2.4.3 Abdomen

Bei der Untersuchung des Abdomens geht es prinzipiell um das Erkennen bzw. den Ausschluss bestimmter Probleme (s. u.) und die Entscheidung, ob eine Notfallchirurgie indiziert ist, wie z. B. bei einer massiven unkontrollierbaren Blutung oder einer abdominalen Schussverletzung. Die klinische Untersuchung, bildgebende Verfahren und insbesondere die Abdominozentese werden als diagnostische Hilfsmittel verwendet.

Folgende Probleme müssen erkannt bzw. ausgeschlossen werden:
- Massive abdominale Blutungen;
- Peritonitiden (lokal oder generalisiert);
- Zwerchfellrupturen;
- Harnwegsrupturen.

Bei **abdominalen Blutungen** muss insbesondere evaluiert werden, ob eine Indikation zur Notfalllaparatomie besteht. Ein kardiovaskulär instabiler Patient, dessen Zustand trotz Infusionstherapie schlechter wird, ein zunehmend größer werdendes Abdomen und Hinweise auf massive Rupturen im abdominalen Ultraschall sind Zeichen für ein instabiles Hämoabdomen, welches einen sofortigen Notfalleingriff benötigt. Bei unklaren Fällen ist die Beurteilung aufgrund von wiederholten abdominalen Punktionen hilfreich.

Lokale Peritonitis kann insbesondere ein Problem bei perforierenden Traumata sein. Schussverletzungen, Bisswunden und Einspießungsverletzungen (z. B. Stöcke) können zu abdominalen Kontaminationen und einer Perforation des Intestinaltraktes führen. Diagnostisch kann mit einer Ultraschalluntersuchung und den zytologischen Resultaten einer Abdominozentese eine Peritonitis mehrheitlich ausgeschlossen werden.

Da bei **Zwerchfellrupturen** die Entscheidung über eine mögliche Notfalllaparatomie getroffen werden muss, gehört deren Evaluation zur Abdominaltraumaabklärung. Hernien werden durch Röntgenbilder oder bei Kontrastverlust im Thorax mit Hilfe einer Ultraschalluntersuchung diagnostiziert.

Harnwegsrupturen müssen unbedingt ausgeschlossen werden. Die klinische Untersuchung, Ultraschall- und Röntgenuntersuchungen sowie die Abdominozentese können dabei hilfreich sein. Wenn initial bei der Abdominalpalpation eine Harnblase festgestellt werden kann, dürfen Folgeuntersuchungen zur Sicherstellung eines komplett intakten Harnapparates in der Priorität heruntergestuft werden. Neben der Abdominalpalpation gehört auch die Palpation der Inguinalregion und der Innenschenkel zur Untersuchung der Harnwege, um Hinweise auf Rupturen der Harnröhre zu erhalten. Solche Rupturen können ohne direkte abdominale Zeichen vorhanden sein, durch eine Harnröhrenruptur austretender Urin führt jedoch subkutan in der Inguinalregion und im Innenschenkelbereich zu sehr schmerzhaften entzündlichen Reaktionen. Falls der Patient keinen oder nur wenig Harn absetzt und Hinweise für eine Flüssigkeitsansammlung im Abdomen vorhanden sind (reduzierter Kontrast im Abdominalröntgenbild oder Darstellung bei der Ultraschalluntersuchung), ist eine vergleichende Untersuchung des Kreatininspiegels in Blut und Abdominalflüssigkeit indiziert. Wenn der Kreatininwert in der Punktionsflüssigkeit höher ist als im Blut, liegt eine Harnwegsruptur vor. Kontrastmitteluntersuchungen sollten dann die genaue Lokalisation der Ruptur zeigen. Falls dies nicht möglich ist, kann das Tier zunächst mit einem Harnkatheter und einem abdominalen Katheter versorgt werden, um eine Harndrainage zu gewährleisten bis die definitive Diagnostik oder Chirurgie eingeleitet werden kann.

2.4.4 Gliedmaßen

Gliedmaßenverletzungen sind häufige Folgen eines Traumas, in der Regel gehören orthopädische Probleme und Wunden jedoch nicht zu den lebensgefährlichen Verletzungen, weshalb die Stabilisation aller anderen Organe im Vordergrund steht. Ausnahmen sind bestimmte thorakale und abdominale Wunden, welche in den entsprechenden Kapiteln diskutiert werden, sowie spinale Frakturen und Luxationen und spezifische Beckenfrakturen. Die klinisch-orthopädische Untersuchung sowie das Übersichtsröntgen der Wirbelsäule und des Beckens sind initial ausreichende diagnostische Maßnahmen. Insbesondere sollte auch eine rektale Untersuchung durchgeführt werden, Frakturen des Beckenrings können so diagnostiziert werden. Im Anschluss an die Stabilisierung des Patienten können weitere Untersuchungen stattfinden.

Bei der Abklärung des Traumapatienten mit Gliedmaßenverletzungen sollten vier wesentliche Fragen beantwortet werden. Dies erlaubt, die geeigneten Maßnahmen zur Reduktion von Schmerzen, weiterer Traumatisierung und Infektionen zu planen und frühzeitig eine fundierte Prognose zu stellen.

1. **Können Schmerzen mit Hilfe eines Verbandes vermindert werden?** Falls diese Frage mit „Ja“ beantwortet werden kann, sollte unbedingt ein Stützverband angelegt werden (Abb. 2.4). In der Regel trifft dies für alle Frakturen und Verletzungen unterhalb des Ellbogens oder des Knies zu. Für die weitere Planung der definitiven Therapie muss nach der Stabilisierung des Patienten eine Beurteilung anhand von Röntgenbildern durchgeführt werden.
2. **Kann mit einer frühzeitig eingeleiteten Behandlung das Risiko einer Infektion reduziert werden?** Eines der Hauptprobleme von polytraumatisierten Patienten ist oft eine offene Verletzung bzw. Fraktur. In der Regel wird in der Kleintierchirurgie das Prinzip angewendet, dass offene Frakturen so rasch wie möglich stabil und definitiv versorgt werden müssen. Der wesentlichste Behandlungsschritt liegt aber nicht in der operativen Versorgung der Fraktur an sich, sondern im frühzeitig durchgeführten und aggressiven Débridement.
3. **Kann die Verletzung ohne chirurgischen Eingriff gefahrlos behandelt werden?** Ellbogen- oder Femurkopfluxationen, nicht dislozierte Frakturen bei jungen Tieren, distale Frakturen von nicht gewichtstragenden Knochen und gewisse Beckenfrakturen können nichtoperativ behandelt werden.
4. **Muss die Verletzung operativ behandelt werden?** Gewisse Frakturen, wie z.B. Humerus- oder Femurfrakturen oder Gelenkfrakturen gehören in diese Kategorie. Ein frühzeitiges Erkennen solcher Frakturen erlaubt es dem Tierarzt, eine Prognose zu stellen und die Folgetherapie genauer zu planen.

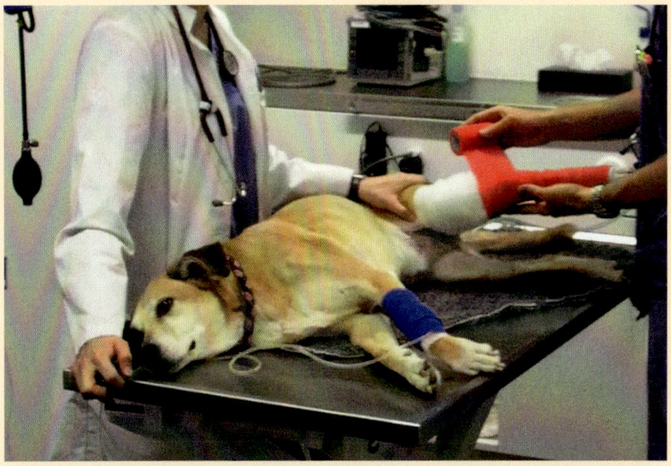

Abb. 2.4: Zur Verminderung von Schmerzen sowie zur Abdeckung von offenen Wunden wird nach der initialen Stabilisierung des Patienten (Sauerstoff, Infusion) ein Stütz- oder Schutzverband angelegt.

3 Evaluation und Stabilisation des Thorax

Nadja Sigrist

Flowcharts zu diesem Kapitel siehe Seite 115/116

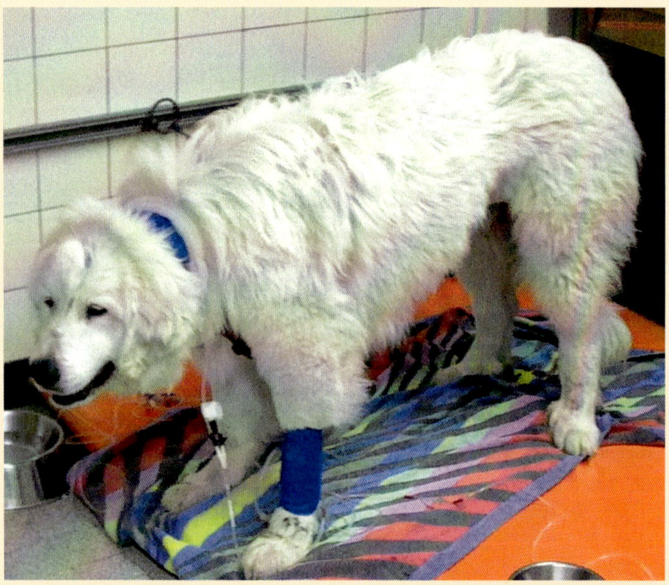

Abb. 3.1: Abduktion der Ellbogen im Stehen oder Sitzen sowie „Nicht-liegen-wollen" sind subtile Zeichen von Atemnot, die identifiziert werden sollten.

Die lebenswichtigen Organe Lunge (Atmung) und Herz (Kreislauf), die für die Aufrechterhaltung der Sauerstoffversorgung aller Körperzellen unabdingbar sind, befinden sich im Thorax, weshalb diese Körperregion beim Traumapatienten prioritär beurteilt und bei Bedarf stabilisiert werden muss. Dem ABC-Prinzip *(**a**irway, **b**reathing, **c**irculation)* entsprechend hat die Sicherstellung einer effektiven Atmung Vorrang.

3.1 Atmung

Viele Traumapatienten zeigen bei der Vorstellung eine abnormale Atmung, da entweder der Thorax unmittelbar betroffen ist oder die Tiere aus anderen Gründen – wie Schmerzen, Schock oder Stress – eine Tachypnoe entwickeln.

Traumapatienten mit Atemnot sind sehr stressempfindlich und können jederzeit einen Atemstillstand erleiden, sei es aufgrund einer Verschlimmerung der Ursache oder aufgrund fehlender Kompensationsreserven. Daher sollten sie so stressfrei wie möglich untersucht und behandelt werden. Die Tiere sollten die bestmögliche Haltung – meist sternal, da dadurch das größtmögliche Lungenvolumen zur Verfügung steht – selber bestimmen können. Sauerstoff sollte von Beginn an supplementiert werden.

Das Ziel des Managements von Traumapatienten mit Atemwegsproblemen ist eine schnelle und stressfreie Aufarbeitung des Problems und die Einleitung der entsprechenden Therapiemaßnahmen.

3.1.1 Klinik

Die Erstuntersuchung des Traumapatienten mit Verdacht auf Atemnot beinhaltet die Beurteilung des Atemtyps, die Feststellung einer eventuellen Dyspnoe, eine Auskultation von Lunge und Herz, die Beurteilung der Schleimhäute und die Palpation des Brustkorbes sowie der Halsgegend. Herzfrequenz, Pulsrate und -stärke, Schleimhautfarbe und -beschaffenheit sowie kapilläre Füllungszeit (KFZ) und endlich die Feststellung der Körpertemperatur sind hilfreich bei der Identifikation von zusätzlichen Problemen, die lebensbedrohend sein könnten oder Einfluss auf die Atmung haben.

Eine erhöhte oder erniedrigte Atemfrequenz, angestrengte Atmung, abnormale Atembewegungen, veränderte Auskultationsbefunde oder zyanotische Schleimhäute sind Hinweise für ein Atemwegsproblem. Tiere mit Atemnot wollen häufig nicht liegen und vergrößern das Lungenvolumen durch eine Abduktion der Ellbogen (Abb. 3.1). Maulatmung ist bei Katzen abnormal und in der Regel ein Hinweis für massive Dyspnoe (Abb. 3.2).

Offensichtliche Verletzungen der Brustwand sind meist ohne Palpation sichtbar, je nach Haarkleid können aber kleinere penetrierende Brustwandverletzungen, Rippenfrakturen oder Emphyseme erst bei der Palpation der Thoraxwand offenkundig werden.

Abnormale Bewegungen der Brustwand sind ein Hinweis für Verletzungen derselben. Als Brustwandflattern *(flail chest)* wird die paradoxe Bewegung eines Teils der Brustwand bezeichnet, deren Ursache eine doppelte Rippenserienfraktur ist, die zu einer Lösung des entsprechenden Wandsegmentes vom restlichen Thorax führt (Abb. 3.3). Aufgrund der Druckverhältnisse im Thorax bewegt sich das gelöste Segment entgegen der normalen Atmung.

Interkostale Muskelabrisse können anhand von atmungsassoziierten, unter der Haut sichtbaren Luftblasen identifiziert werden.

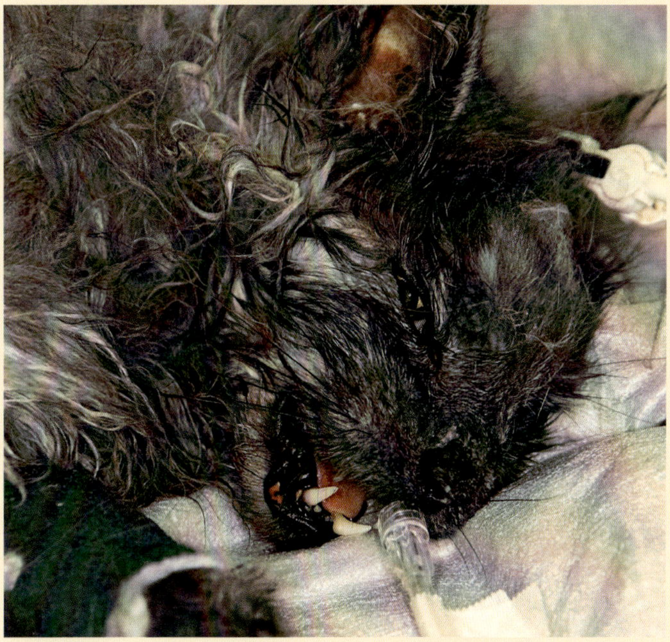

Abb. 3.2: Offene Maulatmung oder Hecheln ist bei der Katze ein Zeichen von massiver Atemnot und/oder Stress. In beiden Fällen sollte die Katze mit Sauerstoff versorgt und so stressfrei wie möglich gemanagt werden.

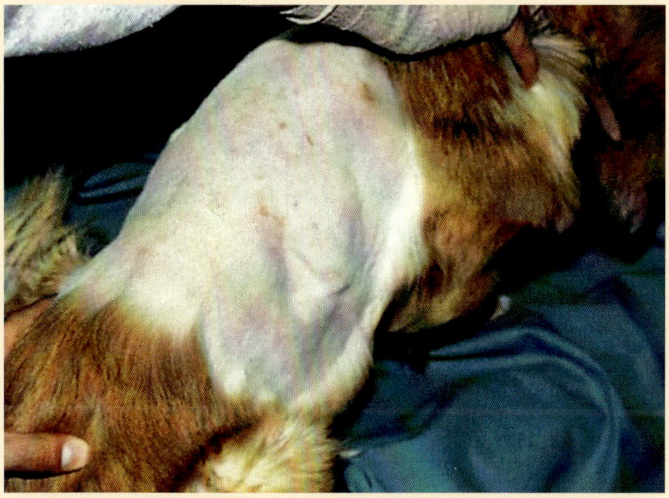

Abb. 3.3: Bei doppelten Rippenserienfrakturen entsteht das sogenannte Brustwandflattern *(flail chest)*: Ein Teil des Thorax ist nicht mehr mit dem Brustkorb verbunden und bewegt sich aufgrund der intrathorakalen Druckverhältnisse entgegengesetzt zum Rest der Thoraxwand.

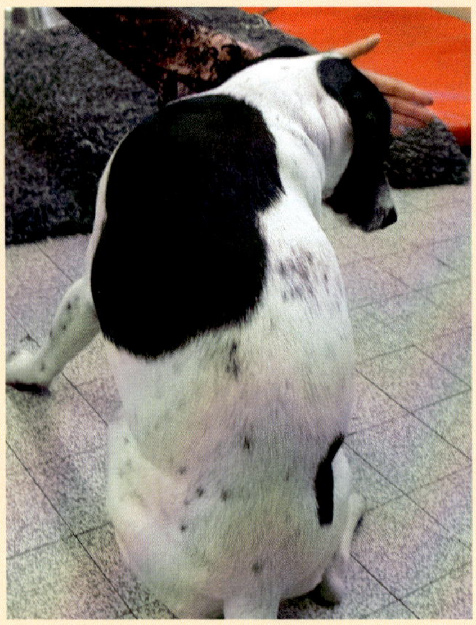

Abb. 3.4: Dieser Hund zeigt aufgrund einer Trachealruptur ein massives subkutanes Emphysem, das sich vom Hals aus über den ganzen Körper ausbreitet.

3.1.2 Lokalisation des Problems und Differenzialdiagnosen

Die Differenzialdiagnosen für die Symptome Atemnot und Tachypnoe sind vielfältig und beinhalten sowohl respiratorische als auch nichtrespiratorische Ursachen. Anhand von Atemtyp, Auskultationsbefunden, Adspektion und Palpation des Tieres kann das respiratorische Problem in den meisten Fällen anatomisch lokalisiert und die Differenzialdiagnosenliste massiv reduziert werden (Tab. 3.1). Beispielsweise tritt ein massives subkutanes Emphysem immer bei Pneumomediastinum, Trachealruptur oder Pneumothorax mit gleichzeitiger Brustwandverletzung auf (Abb. 3.4).

Die Identifikation des Atemtyps ermöglicht die Einteilung in ein Problem der oberen oder unteren Atemwege, des Lungenparenchyms, des Pleuralspalts oder der Thoraxwand. Auskultationsbefunde helfen, die Differenzialdiagnosen, die sich durch die Lokalisation anhand des Atemtyps ergeben, weiter einzugrenzen. Alle Lungenfelder sowie das Herz sollten auskultiert werden.

Obere Atemwege

Der obere Respirationstrakt umfasst Maulhöhle und Nase, Pharynx und Larynx, Trachea und Hauptbronchien. Tiere mit einer Erkrankung in den oberen Atemwegen zeigen eine inspiratorische Dyspnoe mit verlängerter inspiratorischer Phase, im Zusammenhang mit Stress häufig auch Hecheln oder eine schnelle angestrengte Atmung. Bei einem lauten inspiratorischen Atemgeräusch (Stridor oder Stertor) kann die Ursache eher im extrathorakalen oberen Atemtrakt lokalisiert werden, während leise exspiratorische Geräusche häufiger mit intrathorakalen oberen Atemwegsproblemen verbunden sind. Durch Öffnen des Maules kann die Lokalisation eines Problems in der Nase oder im Rachen erleichtert werden. Erkrankungen von Nase oder Pharynx führen häufig zu Nasenausfluss und/oder Schluckbeschwerden. Auskultatorisch können bei Erkrankungen der Trachea verschärfte Lungengeräusche oder Giemen wahrgenommen werden, Husten kann dann ebenfalls ein Symptom sein.

Differenzialdiagnosen von oberen Atemtraktläsionen beim Traumapatienten sind:

- Fremdkörper (Blutkoagula, Vomitus, Frakturfragmente);
- Schwellungen;
- Verschlimmerung eines bereits vorher bestehenden Problems wie Larynxparalyse, Trachealkollaps oder brachycephales Syndrom.

Untere Atemwege

Der untere Atmungstrakt setzt sich aus den Bronchien, Bronchioli und den Alveolen zusammen. Tiere mit Erkrankungen dieses Abschnitts zeigen eine exspiratorische Dyspnoe. Bei der Auskultation der Lungen können Giemen und verstärkte Atemgeräusche sowohl inspiratorisch wie exspiratorisch festgestellt werden. Feuchte Lungengeräusche sind Hinweise auf bronchiale Flüssigkeit durch Lungenblutungen oder ein Lungenödem, der Ein- oder Ausschluss von Herzgeräuschen/-arrhythmien kann bei der Diagnosefindung weiterhelfen.

Differenzialdiagnosen von Läsionen der unteren Atemwege sind primär Asthma und chronische Bronchitis, eine ausgeprägte exspiratorische Dyspnoe wird beim Traumapatienten selten identifiziert. Aufsteigende alveoläre Probleme wie Lungenblutungen können bei genauer Identifikation des Atemtyps ebenfalls zur Feststellung einer verlängerten Exspiration führen.

Tab. 3.1: Differenzialdiagnosen von Atemnot beim Traumapatienten anhand der Lokalisation

Lokalisation	Atemtyp	Auskultation	Differenzialdiagnosen traumatischer Genese	Andere Differenzialdiagnosen (vorher bestehende Probleme)
extrathorakale obere Atemwege	inspiratorische Dysnpoe	Stridor/Stertor ohne Stethoskop hörbar	Fremdkörper (Blut, Vomitus), Schwellung	Larynxparalyse, Trachealkollaps, brachyzephales Syndrom
intrathorakale obere Atemwege (Trachea, Hauptbronchus)	inspiratorische Dyspnoe	evtl. Stridor mit Stethoskop hörbar, Husten	Fremdkörper, Trachearuptur mit Schwellung	tracheale Masse, Trachealkollaps
untere Atemwege (Bronchien, Bronchioli)	exspiratorische Dyspnoe	Giemen	Lungenblutungen	Asthma, Bronchopneumonie
Lungen-parenchym	gemischte Dyspnoe oder oberflächliche Atmung	verschärfte Lungengeräusche	Lungenblutungen	Pneumonie, Neoplasie
	gemischte Dyspnoe, Exspiration verlängert oder oberflächliche Atmung	feuchte Lungengeräusch, mit/ohne Arrhythmie, Herzgeräusch	Lungenblutungen	Lungenödem (kardiogen/nichtkardiogen)
Pleuralspalt	asynchrone Atmung oder oberflächliche schnelle Atmung	gedämpft dorsal/ventral	Pneumothorax, Pneumomediastinum, Hämothorax, Zwerchfellhernie, Zwerchfelllähmung	Pleuraerguss
		Darmgeräusche, asymmetrische Lungendämpfung	Zwerchfellhernie, mediastinale Blutung	mediastinale Masse
Brustwand	oberflächliche schnelle Atmung, abnormale Brustwandbewegungen	normal	Rippenfrakturen, interkostale Muskelabrisse	

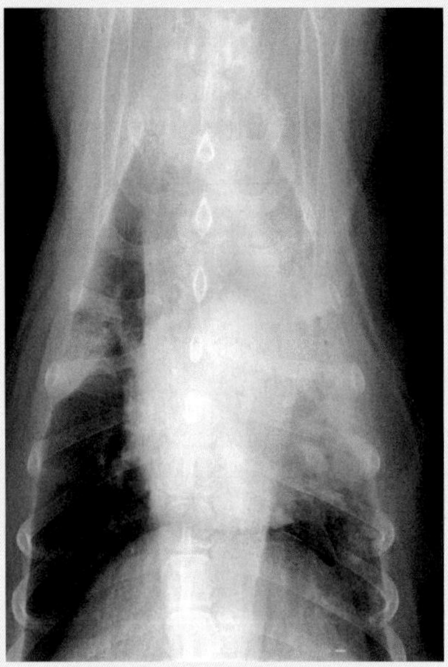

Abb. 3.5: Dorso-ventrale Röntgenaufnahme des Thorax eines Hundes nach Trauma. Im linken Kraniallappen, kranial im linken Kaudallappen und im rechten Kraniallappen sind fleckige Verschattungen sichtbar, die teilweise konfluieren. Der Herzschatten ist links aufgrund der Lungenveränderungen nicht abgrenzbar. Die Veränderungen sind unspezifisch, die Traumaanamnese lässt auf Lungenkontusionen/-blutungen schließen. Lungenkontusionen führen zu weiterer Blutung und Entzündung, weshalb frühe Röntgenaufnahmen das Ausmaß der Veränderungen noch nicht zeigen.

Lungenparenchym

Das Lungenparenchym beinhaltet das Interstitium, die Gefäße und die Alveolen. Tiere mit einer Erkrankung des Lungenparenchyms zeigen entweder eine gemischte Dyspnoe mit häufig verlängerter exspiratorischer Komponente oder eine sehr schnelle und oberflächliche Atmung. Als Auskultationsbefunde können verstärkte oder feuchte Lungengeräusche wahrgenommen werden.

Differenzialdiagnostisch ist beim Traumapatienten mit einer gemischten Dyspnoe und verschärften Lungengeräuschen primär an Lungenkontusionen mit Lungenblutungen (Abb. 3.5) zu denken, seltener bestehen schon vorher Probleme wie eine infektiöse Pneumonie, eine Aspirationspneumonie oder ein kardiogenes bzw. nichtkardiogenes Lungenödem. Eine genaue Anamnese und Auskultation hilft hier bei der Unterscheidung.

Lungenkontusionen gehören zu den häufigsten Folgen eines stumpfen Thoraxtraumas. Sie entstehen durch die Verletzung von Lungenparenchym mit Blutung in die Alveolen und Bronchiolen. Die folgenden entzündlichen Reaktionen sowie Ödembildung und Atelektase führen zu einer Verminderung der Lungenfunktion.

Pleuralspalt

Pleura parietalis und Pleura visceralis bilden den Pleuralspalt. Traumatische Veränderungen des Pleuralspaltes können verschiedene Ursachen haben, zu denen auch Läsionen im Mediastinum und des Zwerchfells gehören.

Die klassischen Pleuralspaltveränderungen umfassen den Pneumothorax, das Pneumomediastinum, den Hämothorax und die Zwerchfellhernie. Pathophysiologisch führen Pleuralspaltveränderungen zu einer Hypoventilation mit entsprechender Hypoxämie.

Tiere mit einer Erkrankung im Pleuralspalt zeigen häufig eine asynchrone Atmung. Als asynchroner Atmungstyp wird die Atmung mit Baucheinziehung während der Inspiration und Bauchvorwölbung während der Exspiration bezeichnet. Dieser Atemtyp entsteht aufgrund eines veränderten intrapleuralen Druckes. Zusammen mit den verminderten Lungengeräuschen bei der Auskultation ist die asynchrone Atmung sehr spezifisch für Pleuralspaltprobleme.

Die auskultatorischen Veränderungen können ein- oder beidseitig vorhanden sein, entsprechend muss die Auskultation auch beidseitig und sehr gründlich durchgeführt werden:

- Bei einem Pneumothorax sind die Lungengeräusche dorsal gedämpft, beim Pleuraerguss eher ventral (Abb. 3.6);
- Bei Traumapatienten mit einem Pneumothorax in Verbindung mit Lungenkontusionen können die Lungengeräusche scheinbar normal sein, da Verstärkung (Lungenkontusion) und Dämpfung (Pneumothorax) der Geräusche sich annähernd aufheben;
- Eine Ruptur bzw. Hernie des Diaphragmas führt häufig zu einer einseitigen oder zumindest asymmetrischen Dämpfung der Lungengeräusche, unter Umständen können auch Darmgeräusche gehört werden (vgl. Abb. 2.3).

Ein Pneumomediastinum kann zusätzlich mit einem subkutanen Emphysem am Thoraxeingang oder Hals einhergehen.

Thoraxwand

Brustwandverletzungen (Rippen, Muskulatur) sind sehr schmerzhaft und führen deshalb zu einer sehr oberflächlichen Atmung, die Tiere hecheln häufig. Hieraus können Ventilationsstörungen und entsprechende Zeichen einer Atemnot resultieren. Andere klinische Zeichen von Brustwandverletzungen sind Schmerzen bei der Palpation, ein subkutanes Emphysem der Thoraxwand sowie abnormale Brustwandbewegungen wie z. B. eine *flail chest*. Das Vorliegen von abnormalen Brustwandbewegungen einzelner Thoraxsegmente ist in der Regel mit einem massiven Thoraxtrauma verbunden.

Andere Ursachen von Atemnot

Veränderungen der Atmung können auch durch Probleme außerhalb des Respirationstraktes hervorgerufen werden, z. B. reflektorisch. Die Auskultationsbefunde sind in diesen Fällen häufig normal. Ursachen einer solchen Atemnot können sein:

- Schmerzen;
- Hyperthermie;
- Schock;
- Massive Azidose;
- Zentralnervöse Störungen.

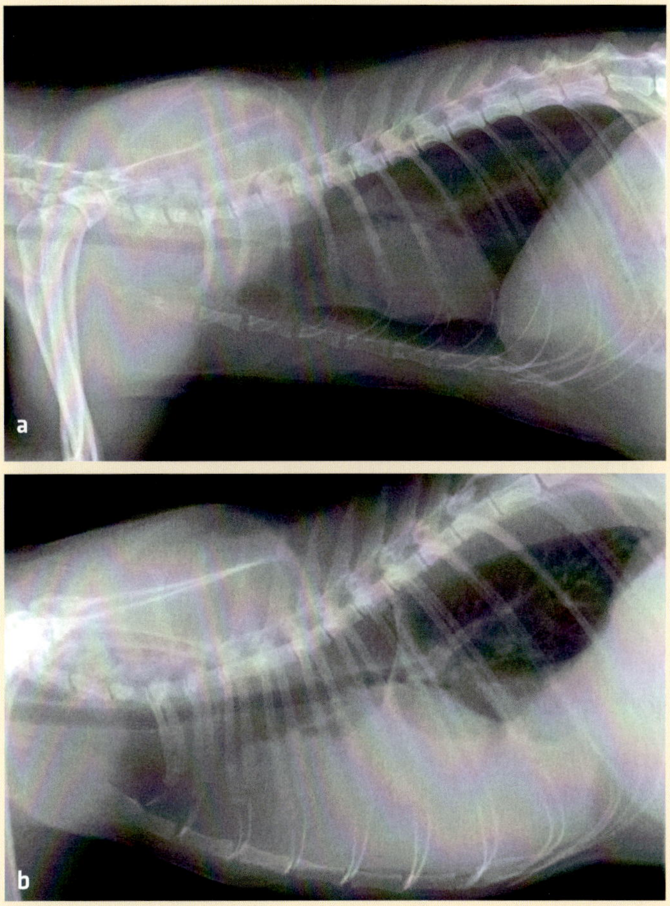

Abb. 3.6: Pleuralspaltprobleme.
a Laterales Röntgenbild einer Katze mit Pneumothorax.
Die Lungengeräusche sind dorsokaudal vermindert.
b Laterales Röntgenbild einer Katze mit Pleuraerguss.
Die Flüssigkeit führt zu verminderten Lungengeräuschen ventral im Thorax.

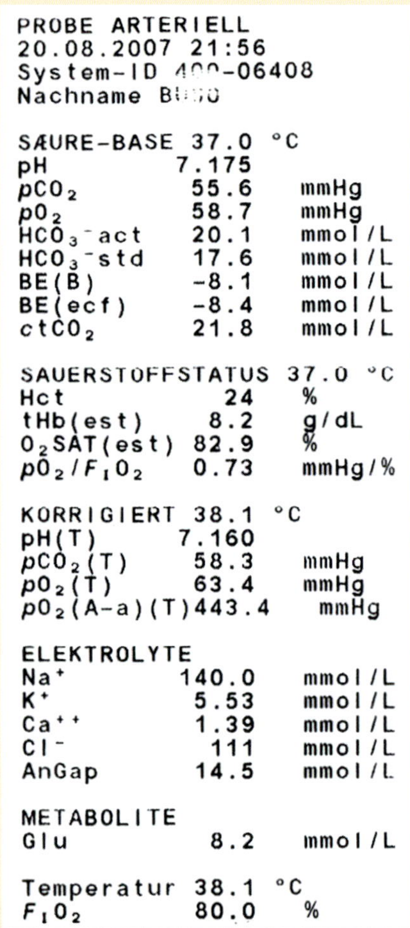

PROBE ARTERIELL
20.08.2007 21:56
System-ID 4[illegible]-06408
Nachname B[illegible]

SÆURE-BASE	37.0	°C
pH	7.175	
pCO_2	55.6	mmHg
pO_2	58.7	mmHg
HCO_3^-act	20.1	mmol/L
HCO_3^-std	17.6	mmol/L
BE(B)	-8.1	mmol/L
BE(ecf)	-8.4	mmol/L
$ctCO_2$	21.8	mmol/L
SAUERSTOFFSTATUS	37.0	°C
Hct	24	%
tHb(est)	8.2	g/dL
O_2SAT(est)	82.9	%
pO_2/F_IO_2	0.73	mmHg/%
KORRIGIERT	38.1	°C
pH(T)	7.160	
pCO_2(T)	58.3	mmHg
pO_2(T)	63.4	mmHg
pO_2(A-a)(T)	443.4	mmHg
ELEKTROLYTE		
Na^+	140.0	mmol/L
K^+	5.53	mmol/L
Ca^{++}	1.39	mmol/L
Cl^-	111	mmol/L
AnGap	14.5	mmol/L
METABOLITE		
Glu	8.2	mmol/L
Temperatur	38.1	°C
F_IO_2	80.0	%

Abb. 3.7: Die Blutgasanalyse dient der Messung der Gas-Partialdrücke (PaO_2 und pCO_2) und erlaubt die Interpretation von Oxygenierung und Ventilation. In diesem Fall sind beide Parameter ungenügend. Unter Berücksichtigung der inspiratorischen Sauerstoffkonzentration (FiO_2) kann eine Beurteilung der Lungenfunktion erfolgen.

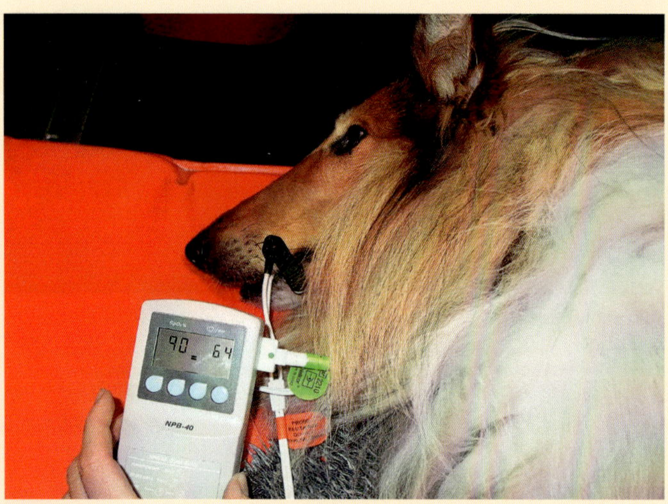

Abb. 3.8: Die Pulsoximetrie erfolgt an Lippe, Zunge, Ohr, Zwischenzehenbereich, Präputium oder rektal. Der Wert sollte mindestens 92 % betragen, um eine genügende Sauerstoffversorgung des Körpers zu gewährleisten.

3.1.3 Diagnostische Aufarbeitung

Der Respirationstrakt kann mittels bildgebender Verfahren sowie Blutgasanalysen untersucht werden. Da anamnestisch ein Trauma nicht immer klar ersichtlich ist, ein bestehendes Problem – wie z. B. ein Herzproblem oder einen Trachealkollaps – jedoch zusätzlich verschlimmern kann, ist es wichtig, den Besitzer nach bereits vorher vorhandenen Symptomen zu fragen. Für die Stabilisation des Patienten sind die klinische Untersuchung und die Lokalisation des Problems (s. o.) die wichtigsten diagnostischen Schritte. Stressvolle diagnostische Maßnahmen, wie Röntgenuntersuchungen oder die arterielle Blutgasanalyse, sind für die Stabilisation des Traumapatienten mit Atemnot in den meisten Fällen nicht nötig, können aber nach der Stabilisation des Patienten Aussagen zur ätiologischen Diagnose, dem Schweregrad und evtl. der Prognose des Traumas ermöglichen.

Hämatokrit und Totalprotein sollten bei sämtlichen Traumapatienten bei der Vorstellung bestimmt werden, um eine Verlaufskontrolle bei eventuellen Blutungen sowie der Flüssigkeitstherapie zu ermöglichen. Um Aussagen über die Lungenfunktion zu erhalten, sind arterielle Blutgasanalysen nötig. Die Kenntnis von Sauerstoff- sowie Kohlendioxidpartialdruck erlaubt die Beurteilung von Oxygenierung und Ventilation (Abb. 3.7). Andere Blutparameter sind für die Aufarbeitung respiratorischer Traumata wenig hilfreich.

Die Pulsoximetrie kann Anhaltspunkte über die Versorgung mit Sauerstoff im peripheren Gewebe geben. Die normale Sauerstoffsättigung (SpO_2) beträgt 98–100 %, bei Werten unter 92 % sollte der Patient unbedingt mit Sauerstoff supplementiert werden. Anämie führt zu einer falsch hohen Sauerstoffsättigung, hier sind Werte über 98 % anzustreben. Bei der Messung der Sauerstoffsättigung muss die angezeigte Pulsfrequenz mit der Herzfrequenz des Tieres übereinstimmen, ansonsten sind die Messwerte ungültig (Abb. 3.8).

Den Thorax zu röntgen gehört in vielen Tierkliniken zur standardmäßigen Aufarbeitung von Patienten mit Traumaanamnese. Die korrekte Lagerung und Technik ist beim Traumapatienten zur Identifikation der Läsionen besonders wichtig, weshalb die Aufnahmen in der Regel nicht ohne zusätzlichen Stress durchgeführt werden können und deshalb nur bei stabilen Tieren indiziert sind.

Aufnahmen mit stehendem oder in Sternallage liegendem Patienten und horizontalem Strahlengang sind die Untersuchungstechnik der Wahl bei schwerer Dyspnoe. Die Bestätigung eines klinisch vermuteten Pneumothorax, Pneumomediastinums (Abb. 3.9), einer Zwerchfellhernie, Lungenkontusionen oder eines Pleuraergusses kann in der Regel problemlos anhand von Röntgenbildern erfolgen, die Ergründung der Ursache der Läsion bedingt aber unter Umständen weitere Röntgenaufnahmen oder den Einsatz anderer bildgebender Verfahren wie Ultraschall oder CT.

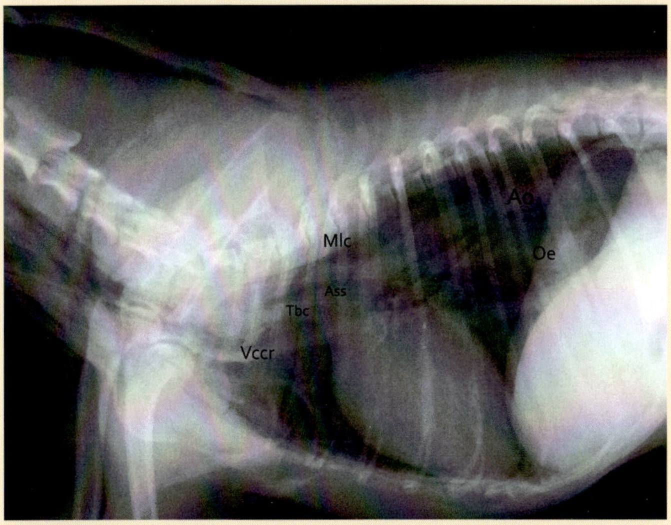

Abb. 3.9: Laterale Röntgenaufnahme des Thorax eines Hundes mit Pneumomediastinum. Durch Gas im Mediastinum lassen sich im lateralen Röntgenbild die mediastinal gelegenen Strukturen scharf abgrenzen: die Aorta (AO) und die von ihr abzweigenden Gefäße – Truncus brachiocephalicus (Tbc) und A. subclavia sinistra (Ass) –, der Musculus longus colli (Mlc), die Vena cava cranialis (Vccr) und der Oesopahgus (Oe). Außerdem sind Gasansammlungen subkutan und entlang der tiefen Halsfaszie sichtbar, die mit dem Mediastinum kommunizieren.

3.1.4 Stabilisation und Therapie

Stressreduktion, Sauerstoffsupplementierung und Analgesie sind die Stabilisationsmethoden der Wahl bei allen Traumapatienten mit Atemproblemen. Tiere mit massiver Dyspnoe aufgrund von Problemen der oberen Atemwege oder des Lungenparenchyms müssen unter Umständen intubiert und beatmet werden. Bei Obstruktion der oberen Atemwege ist eine Tracheostomie nötig. Pleuralspaltprobleme werden mittels Thorakozentese und bei Bedarf mit Thoraxdrainagen behandelt. Eine medikamentelle Therapie ist in der Regel nur bei klarer Diagnose, wie Lungenödem und oberer Atemwegsstenose, indiziert.

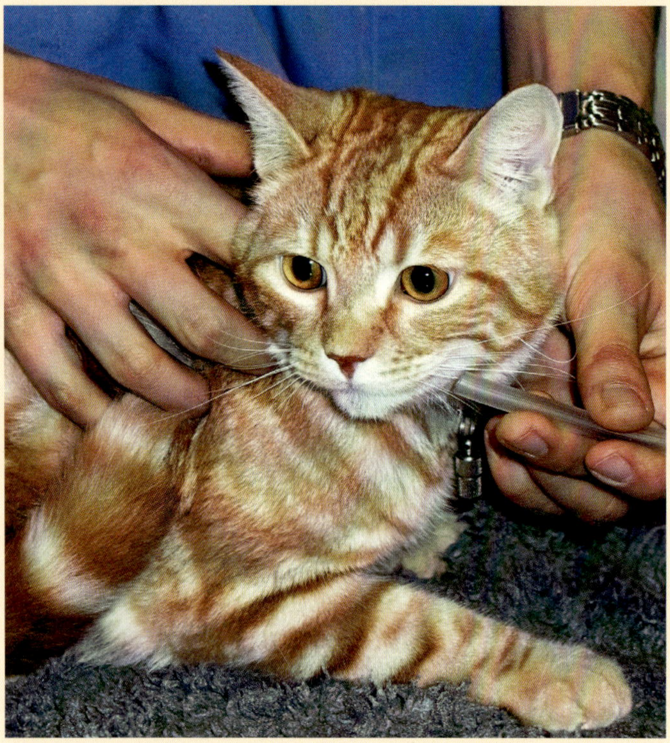

Abb. 3.10: Sauerstoffsupplementierung mittels *flow by*. Ein Sauerstoffschlauch – verbunden mit dem Anästhesiegerät, einer Sauerstoffflasche oder einem Sauerstoffgenerator – wird dem Patienten seitlich vor die Nase gehalten, so dass in der Einatmungsluft vor der Nase eine erhöhte Sauerstoffkonzentration erreicht wird. Der Sauerstofffluss sollte 5–10 l/min betragen, dem Tier aber nicht frontal auf die Nase gerichtet sein, da dies zu Abwehrbewegungen und entsprechendem Stress führt.

Sauerstoffapplikation

Alle Traumapatienten mit Atemproblemen müssen mit Sauerstoff supplementiert werden.

Sauerstoff kann initial über eine Maske oder durch *flow by* mit 5–10 l/min (Abb. 3.10) verabreicht werden. Im weiteren Verlauf ist es praktischer, eine nasale Sauerstoffsonde zu setzen (Abb. 3.11) oder dem Tier über einen zu drei Vierteln abgedeckten Halskragen Sauerstoff zuzuführen (Abb. 3.12). Die Sauerstoffdosierung beträgt 100–200 ml/kg/min für die O_2-Sonde und 200 ml/kg/min für den O_2-Kragen. Mit den verschiedenen Methoden werden unterschiedliche inspiratorische Sauerstoffkonzentrationen (FiO_2) erreicht (Tab. 3.2). Stress und übermäßiges Festhalten des Tieres beim Durchführen der Sauerstofftherapie sollten unbedingt vermieden werden. Falls ein Sauerstoffkäfig zur Verfügung steht, können kleine Tiere auch direkt aus dem Transportkorb in die Sauerstoffbox verbracht werden. Sauerstoffkäfige sind vor allem für Katzen in der initialen Stabilisationsphase sehr praktisch, da die Tiere – respektive deren Atmung – darin beobachtet werden können, die Tiere in der Regel Ruhe finden und zusätzlich mit 50–90 % Sauerstoff unterstützt werden können. Idealerweise können die Tiere im Sauerstoffkäfig untersucht und behandelt werden, ohne dass dieser komplett geöffnet werden muss. Dafür sind selbstgebastelte Sauerstoffboxen aus Plexiglas oder ein ausrangierter Inkubator aus der Humanmedizin (Abb. 3.13) den professionellen Sauerstoffboxen (Abb. 3.14) vorzuziehen.

Tab. 3.2: Inspiratorische Sauerstoffkonzentration (FiO_2) bei verschiedenen Methoden zur Sauerstoffsupplementierung

Methode	Flussmenge	FiO_2
O_2-*flow by*	3–10 l/min	ca. 30 %
nasale Sonde	50–200 ml/kg/min	30–70 %
O_2-Kragen	3–5 l/min	30–40 %
O_2-Maske (offen/geschlossen)	3–5 l/min	50–90 %
Sauerstoffkäfig		einstellbar bis 60 %
Intubation	1–2 l/min	100 %

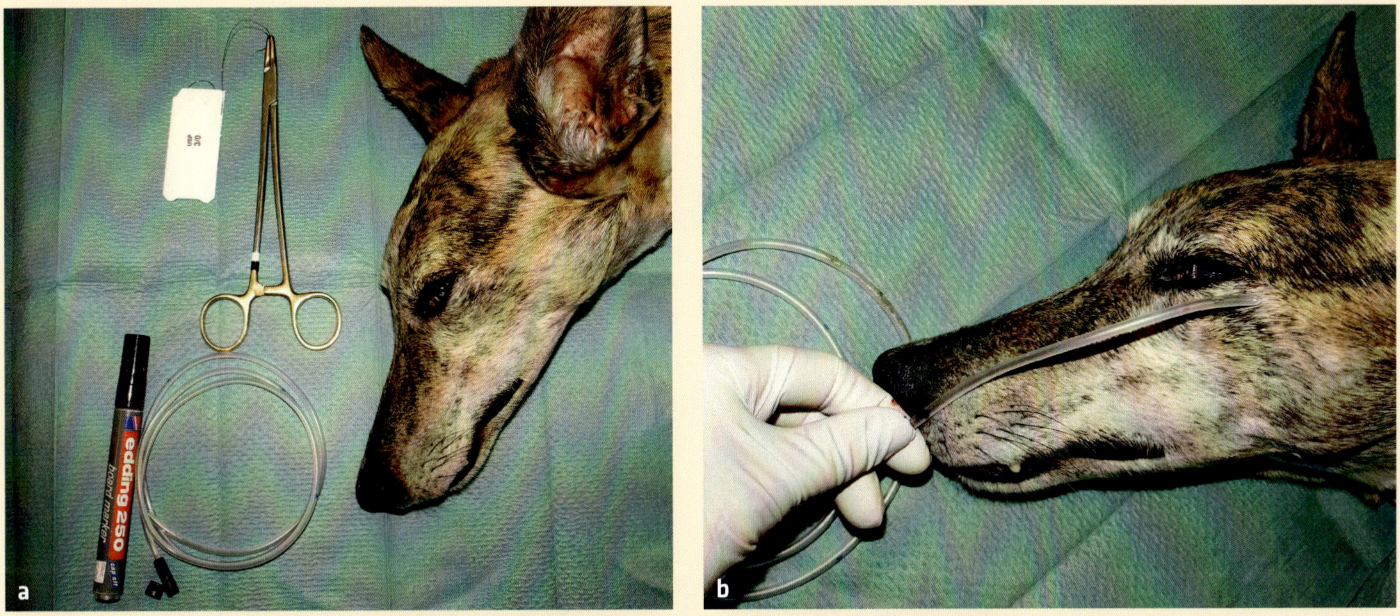

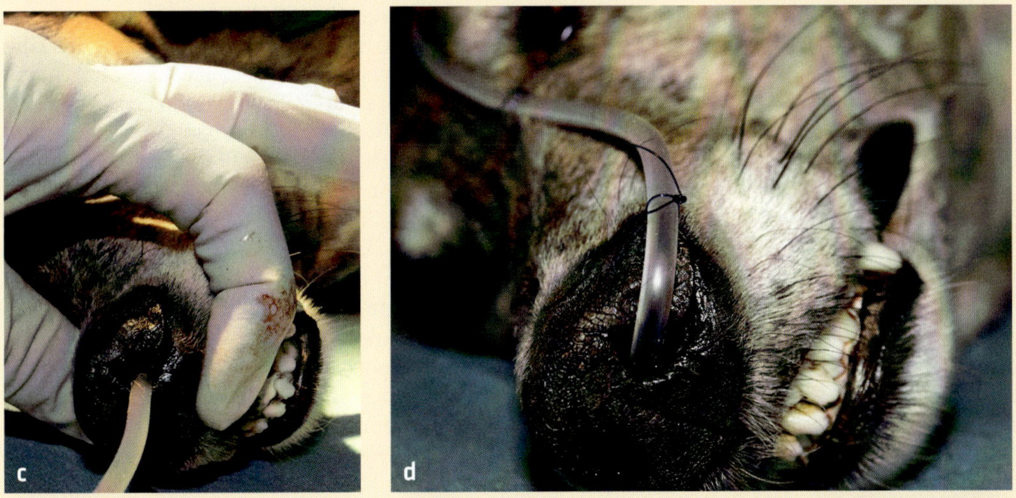

Abb. 3.11: Legen einer nasalen Sauerstoffsonde.
a Material: weiche Sonde, Stift zum Markieren der Länge, Nahtmaterial oder Klebstoff.
b Die Länge von Nasenspiegel bis lateralem Augenwinkel wird abgemessen und markiert.
c Die Sonde wird in den ventralen Nasengang eingeführt. Das Hochdrücken des Nasenspiegels und eine vorherige Lokalanästhesie mit Lidocain erleichtern diesen Vorgang.
d Die Nasensonde wird entweder angenäht oder mittels Schnellkleber so nah wie möglich am Nasenspiegel und auf dem Nasenrücken angeklebt.

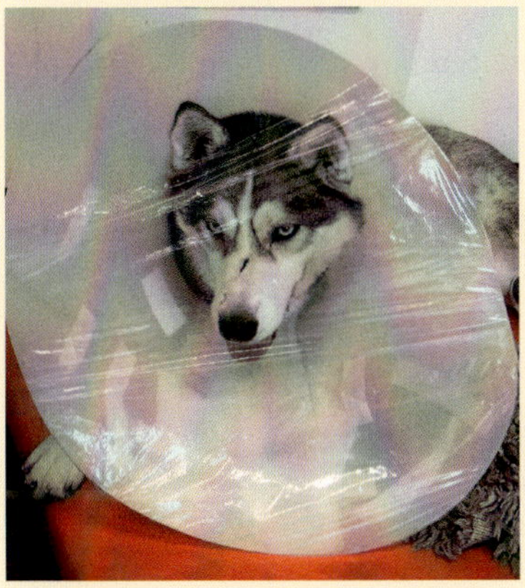

Abb. 3.12: Ein Sauerstoffkragen kann mittels Halskragen und Zellophanfolie einfach hergestellt werden. Die Folie sollte 1/3–1/4 der oberen Fläche freilassen, um die Abgabe von CO_2 und Wärme zu ermöglichen. Die Sauerstoffzufuhr erfolgt durch einen Schlauch von kaudoventral.

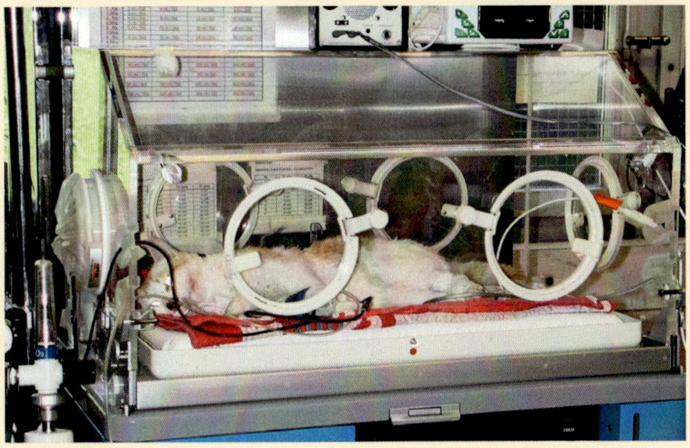

Abb. 3.13: Neonateninkubator aus der Humanmedizin. Die Patienten können im Inkubator mit Sauerstoff und Wärme versorgt, gut beobachtet und durch die Handöffnungen bei Bedarf auch untersucht und behandelt werden. Nachteil ist der Wärmestau bei längerer Verwendung, hechelnden oder großen Tieren.

Abb. 3.14: Je nach Modell des Sauerstoffkäfigs können Sauerstoffkonzentration, Temperatur und Feuchtigkeit reguliert werden. Teurere Modelle enthalten zusätzlich einen CO_2-Absorber.

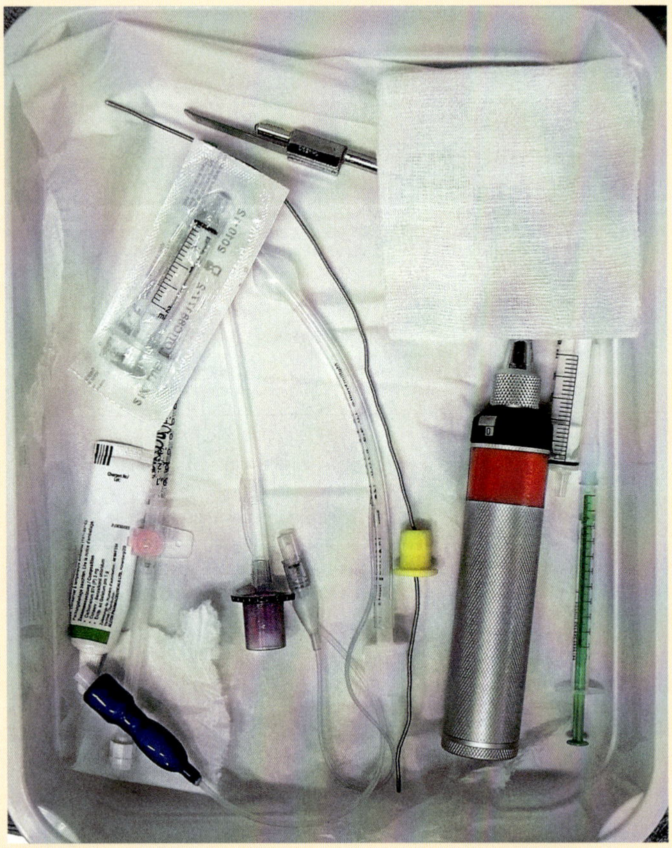

Abb. 3.15: Intubationszubehör: Tuben in verschiedenen Größen, Führungsdraht, funktionstüchtiges Laryngoskop, Gazetupfer, Spritze zum Aufblasen der Manschette (*cuff*), Halteband und evtl. Lidocainspray werden so früh wie möglich bereitgestellt, um im Notfall sofort zur Verfügung zu stehen.

Analgesie und Sedation

Wie bereits erwähnt, gehört eine ausreichende Analgesie zu den initialen Stabilisierungsmaßnahmen. Das gewählte Analgetikum sollte schnell wirksam, titrierbar und idealerweise antagonisierbar sein sowie wenige bis keine respiratorischen Nebenwirkungen haben. Dazu eignen sich primär Opioide, wie Methadon (0,1–0,2 mg/kg i. v., i. m. oder s. c. alle 1–2 Stunden), Fentanyl (2–5 µg/kg i. v. alle 20 Minuten oder 2–5 µg/kg/h als Dauertropf) und Morphin (0,1–0,2 mg/kg i. v., i. m. oder s. c.). In diesen eher niedrigen Dosierungen haben Opioide nur eine geringe atemdepressive Wirkung. Wird zusätzlich eine sedative Wirkung gewünscht, so eignet sich Butorphanol (0,1–0,3 mg/kg i. v. oder i. m.), eventuell in Kombination mit Acepromazin (0,005 mg/kg i. v.). Bei jeglicher Sedation muss jedoch damit gerechnet werden, dass es zu Atemdepressionen kommt und die Kompensationsmechanismen nicht ausreichen. In diesen Fällen sind eine Intubation und Beatmung unumgänglich und das entsprechende Material sollte bereits vor der Sedation bereitgestellt worden sein. Andere Möglichkeiten der Analgesie, wie zum Beispiel die Lokalanästhesie, sind in Kapitel 7.1.4 beschrieben.

Intubation und Beatmung

Zeigt das Tier trotz Sauerstoff, Analgesie und erster Behandlung auf Grundlage der in der klinischen Untersuchung ermittelten Lokalisation des Problems (vgl. Tab. 3.1) massive Dyspnoe oder Zyanose, so muss das Tier intubiert und ventiliert werden, bevor es zum Atem- und Herzstillstand kommt. Das entsprechende Material (Abb. 3.15) sollte so früh wie möglich bereitgestellt werden. Intubation und Ventilation mit 100 % Sauerstoff haben den großen Vorteil, dass die Atmung damit maximal kontrolliert ist und weitere Untersuchungen durchgeführt werden können, ohne das Tier zu stressen. Es müssen Anästhetika gewählt werden, die eine schnelle Intubation ermöglichen, wie z. B. Propofol oder Etomidat. Dies bedingt einen intravenösen Zugang, welcher so stressfrei wie möglich unter Sauerstofftherapie gelegt werden sollte. Die Dosierung erfolgt nach Effekt.

Anästhesierte Patienten müssen auf jeden Fall intubiert und mit zusätzlichem Sauerstoff (initial 100 %) versorgt werden. Die Beatmung eines Patienten kann spontan, unterstützt oder kontrolliert erfolgen. Atmet ein Tier spontan, so muss daran gedacht werden, dass die Atmung durch den erhöhten Wiederstand des Atemschlauches/-beutels und der Maschine erhöht ist und zur Ermüdung führen kann. Gewisse Anästhesiegeräte erlauben eine unterstützte Atmung, indem der Patient die Atemfrequenz und den Beginn der Atmung selber bestimmt, aber bei der Inspiration von der Maschine unterstützt wird, um die Atemarbeit zu erleichtern.

Die meisten Patienten werden jedoch kontrolliert beatmet. Dies kann mittels Ambubeutel, Anästhesiemaschine mit Sauerstoffbeutel oder durch einen Ventilator geschehen. Am Ventilator können Atemzugvolumen oder Inspirationsdruck und Atemfrequenz eingestellt werden. In den meisten Fällen ist die Applikation von positivem endexspiratorischem Druck (PEEP) von Vorteil; hierbei wird am Ende der Exspiration ein gewisser Druck im System aufrechterhalten, damit die Alveolen nicht komplett kollabieren. Dies führt zu einer längeren Diffusionsdauer für O_2 und CO_2 und vermindert die Lungenschäden, die durch die Beatmung (repetitives Kollabieren der Alveolen) entstehen können.

Indikationen für eine vorübergehende Intubation und Beatmung sind Probleme der oberen Atemwege, während Patienten mit Veränderungen des Lungenparenchyms (Blutung, Ödem) in der Regel eine längerfristige Beatmung benötigen (Abb. 3.16). Diese erfordert intensive Pflege, ausgebildetes Personal und einen 24-Stunden-Betrieb.

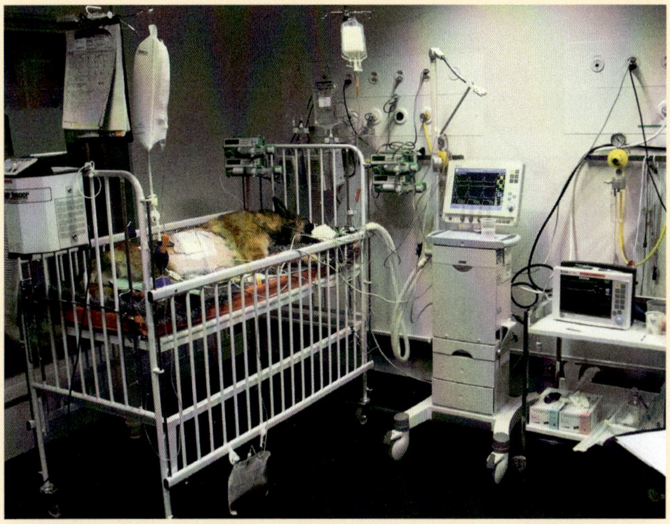

Abb. 3.16: Die längerfristige Beatmung dieses Hundes mit chirurgisch versorgtem Thoraxtrauma bedingt intensives Monitoring und 24-Stunden-Pflege.

Tiere mit einem Atem- und/oder Herzstillstand müssen ebenfalls intubiert und beatmet werden. Als Erstes wird der Rachenraum von Blut, Speichel oder Erbrochenem gesäubert, etwaige Fremdkörper werden entfernt. Dazu sind lange Fremdkörperzangen sehr praktisch.

***Merke:** Bei Dyspnoe oder Schnappatmung nie mit den Händen oder Fingern in den Rachen greifen, da die Tiere unkontrolliert zubeißen können!*

Nach Freilegung der Atemwege wird das Tier intubiert. Die richtige Größe des Endotrachealtubus spielt im Notfall eine untergeordnete Rolle; es ist besser, einen zu kleinen Tubus zu wählen, als unnötig Zeit zu verlieren. Die Intubation sollte wenn möglich unter Sicht durchgeführt werden, um die endotracheale Intubation sicherzustellen. Die Manschette (*cuff*) muss aufgeblasen werden.

Nach der Intubation wird das Tier zwei- bis dreimal beatmet (mit Ambubeutel oder Mund-zu-Tubus), dann wird – falls nicht bereits veranlasst – ein Ambubeutel mit 100 % Sauerstoff oder ein Narkosegerät mit dem Tubus verbunden und das Tier beatmet. Die Beatmungsfrequenz beträgt 10–20 Atemzüge pro Minute. Die Brustwand sollte sich dabei ohne zu hohen Beatmungsdruck sichtbar bewegen. Falls die Intubation nicht unter Sicht stattfand, müssen beide Lungenhälften während der Beatmung mit dem Stethoskop abgehört werden, um die richtige Intubation zu bestätigen. Bei fehlendem Herzschlag oder Femoralispuls wird mit einer Herzmassage begonnen.

Tracheostomie

Zeigt das Tier eine massive Atemnot aufgrund einer oberen Atemwegsstenose und ist eine Intubation nicht möglich, muss eine Notfalltracheostomie erfolgen (Abb. 3.17). Eine Notfalltracheostomie unterscheidet sich insofern von einer chirurgischen Tracheostomie, als im ersten Fall das Tier nicht anästhesiert und beatmet ist und deshalb ein möglichst schneller Zugang zur Trachea erforderlich ist.

Folgendes Material wird benötigt und sollte bereits im Vorfeld bereitliegen:
- Schermaschine, Desinfektionsmaterial;
- Skalpell mit Klinge;
- Klemme;
- Nadelhalter;
- Monofiler Faden (2-0);
- Tracheotubus oder endotrachealer Tubus;
- Halteband;
- Sterile Tupfer.

Als Tubus kann ein spezieller Tracheotubus oder ein normaler endotrachealer Tubus verwendet werden. Die Größe sollte dabei kleiner als bei einer normalen Intubation gewählt werden.

Patienten mit einem Tracheotubus müssen ständig überwacht und dürfen nicht allein gelassen werden. Da die Nase mit ihrer luftbefeuchtenden Funktion umgangen wird, muss die Trachealschleimhaut alle zwei Stunden mit 0,2–1 ml NaCl-Lösung befeuchtet werden und Sauerstoff, der direkt in den Tracheotubus appliziert wird, sollte ebenfalls angefeuchtet sein. Der Tracheotubus wird regelmäßig – alle zwei bis zwölf Stunden – gewechselt, da die Schleimproduktion zur Obstruktion führen kann. Das Tier wird für mindestens zwei Minuten präoxygeniert. Mit Hilfe der Haltefäden kann der alte Tubus entfernt, die Tracheaöffnung gereinigt und der neue Tubus eingeführt werden (s. Abb. 3.17g). Um eine Besiedlung der Trachea mit nosokomialen Keimen zu vermindern, werden Handschuhe getragen und wenn möglich ein steriler Tubus verwendet.

Ist das Grundproblem gelöst, kann beim nächsten Tubuswechsel geschaut werden, ob das Tier ohne Tracheotubus atmen kann. Ist dies möglich, wird ein steriler Tupfer auf die Öffnung gelegt, ein lockerer Halsverband angelegt und das Tier gut beobachtet. Bei erneuter Dyspnoe wird mit Hilfe der Haltefäden – die bis zur Entlassung belassen werden – ein neuer Tracheotubus gelegt. Die Wunde wird nicht genäht, sondern heilt sekundär ab.

Abb. 3.17: Notfalltracheostomie.
a Wenn möglich wird das Tier in Rückenlage mit gestrecktem Hals gebracht und so symmetrisch wie möglich gelagert.
b Nach einer schnellen Rasur und Waschung wird unterhalb des palpierbaren Larynxknorpels (Höhe Zeigefinger) ein 3–5 cm langer Schnitt in Längsrichtung der Trachea über der Mittellinie angebracht.
c Das subkutane Gewebe sowie die Muskulatur oberhalb der Trachea werden mittels stumpfer Präparation getrennt und die Trachea freigelegt. Dies ist je nach Rasse, Nährzustand und Reaktionszustand des Tieres der schwierigste Teil.
d Ist die Trachea freigelegt, wird zwischen dem dritten und vierten oder vierten und fünften Trachealring eine transversale Inzision von ca. 40 bis maximal 50 % des Trachealumfangs angelegt und das Tier sofort mittels Endotracheal- oder speziellem Tracheotomietubus intubiert, mit Sauerstoff versorgt und beatmet.
e Danach werden um die Trachealringe kranial und kaudal der Inzision Haltefäden angebracht, um einen späteren Wechsel des Tubus zu vereinfachen.
f Der Tubus wird nicht angenäht, sondern nur mit Haltebändern zirkulär um den Hals des Tieres befestigt. Die Wunde kann mit einem sterilen Tupfer abgedeckt werden. Verbände sollten ebenfalls nicht angelegt werden, da bei Verlegung (z. B. durch eingedickte Sekrete) oder Verlust des Tubus ein rascher Zugang zur Trachea nötig ist.
g Die Haltefäden dienen dem Auffinden der Trachealöffnung beim Tubuswechsel am wachen Tier.

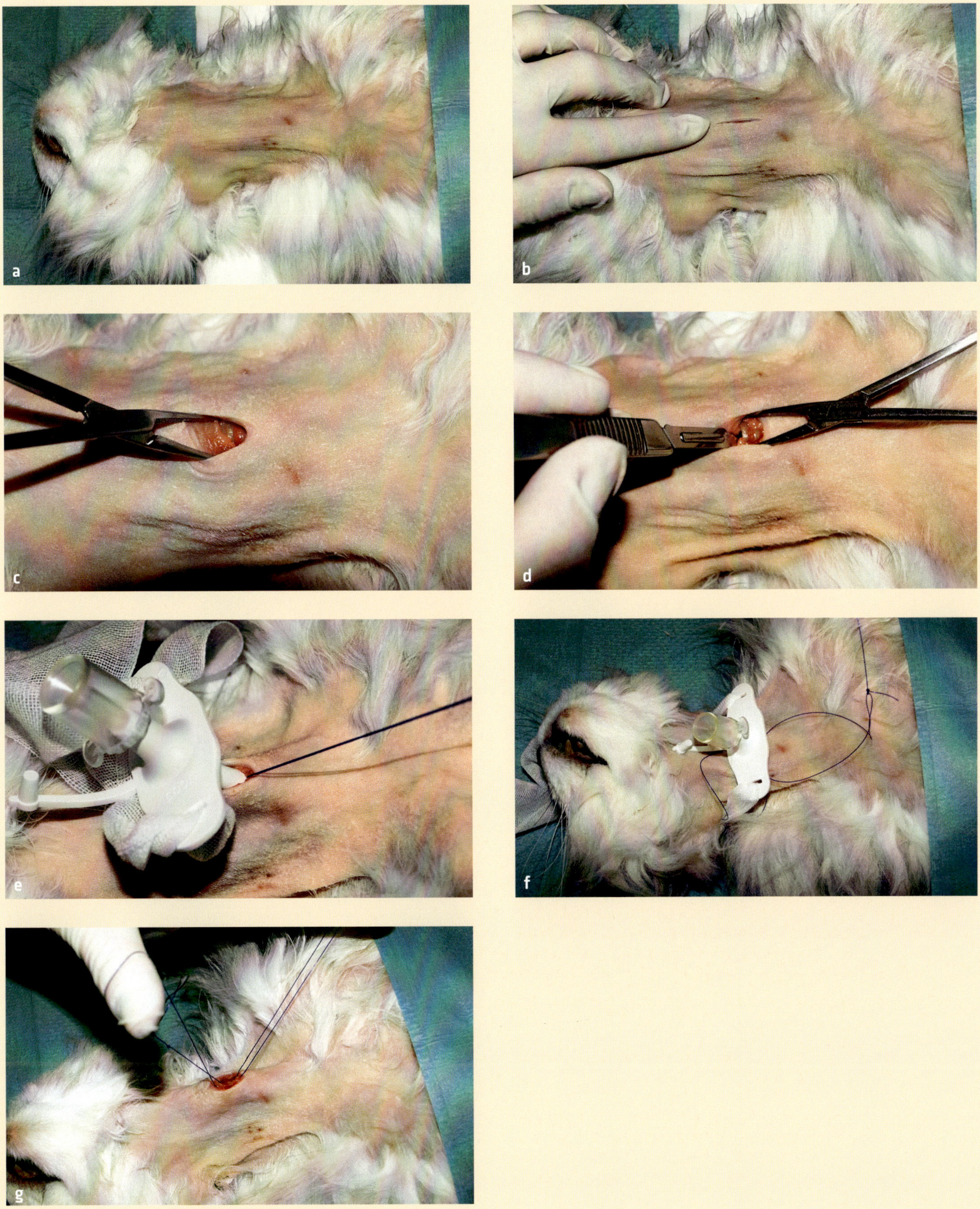
a
b
c
d
e
f
g

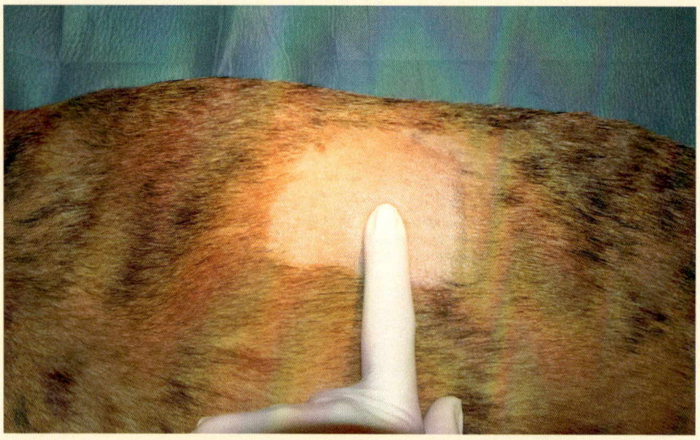

Abb. 3.18: Thorakozentese mit Kanüle/Schmetterlingskatheter.
a Die Punktionsstelle im 7.–9. Interkostalraum wird geschoren und aseptisch vorbereitet. Bei Bedarf wird eine Lokalanästhesie mit Lidocain durchgeführt.

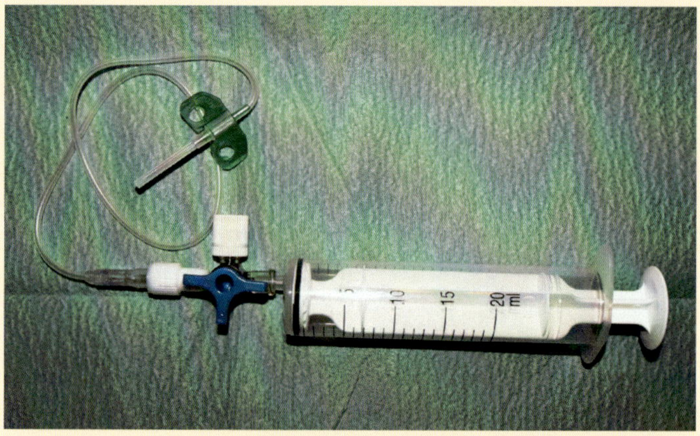

b Die Kanüle oder ein Schmetterlingskatheter mit einem Verlängerungsschlauch wird mit einem Dreiwegehahn mit aufgesetzter Spritze verbunden.

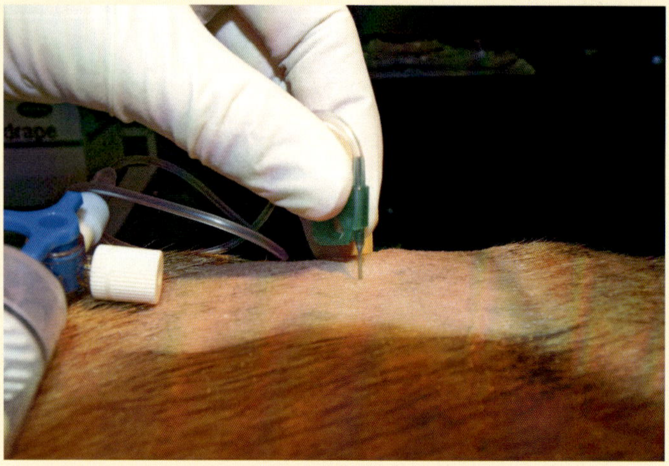

c Die Punktion erfolgt senkrecht zur Oberfläche. Bei leichtem Unterdruck in der Spritze wird die Nadel durch Subkutis, Muskulatur und Pleura in den Pleuralspalt vorgeschoben. Sobald der Pleuralspalt erreicht ist, wird in der Spritze Luft oder Flüssigkeit sichtbar.

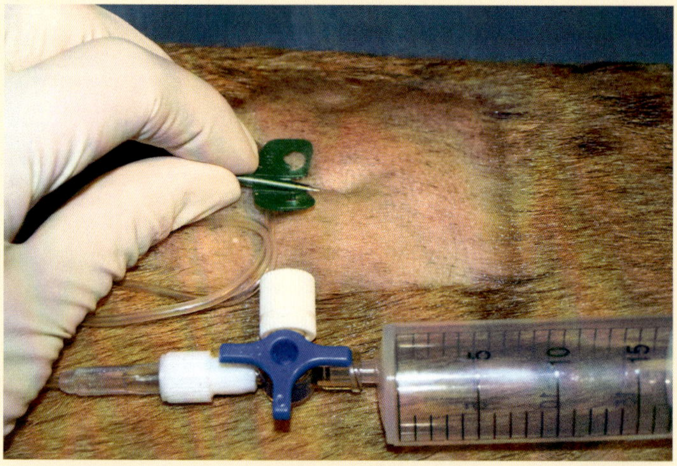

d Ist die Nadel im Pleuralspalt, wird sie waagerecht auf die Thoraxoberfläche orientiert. In dieser Position besteht keine Gefahr, dass die Lunge verletzt wird, und die Nadel bewegt sich mit dem Tier. Luft oder Flüssigkeit wird vorsichtig abgesaugt, bis ein Vakuum erreicht wird. Das System bleibt mittels Dreiwegehahnes immer geschlossen! Ist ein Vakuum erreicht oder zeigt das Tier Schmerzen, wird die Nadel in waagerechter Position entfernt.

Thorakozentese

Eine Thorakozentese ist sowohl diagnostisch als auch therapeutisch von Nutzen. Sie sollte bei jedem Tier mit Verdacht auf Pneumothorax oder Pleuraerguss (asynchrone Atmung und/oder verminderte Lungengeräusche) vor weiteren diagnostischen Schritten wie Röntgenaufnahmen durchgeführt werden.

Bei Verdacht auf Pneumothorax wird die Thorakozentese im oberen Drittel des 7.–9. Interkostalraumes durchgeführt, bei einem Pleuraerguss eher ventral im 5.–7. Interkostalraum oder besser gezielt unter Ultraschallkontrolle. Häufig muss eine beidseitige Thorakozentese durchgeführt werden. Füllt sich der Thorax erneut mit Luft, so empfiehlt es sich, spätestens nach der dritten oder vierten Thorakozentese eine Thoraxdrainage zu legen und den Pleuralspalt gegebenenfalls kontinuierlich abzusaugen (s. u.).

Folgendes Material wird benötigt:
- Butterfly-Katheter, Nadel oder Venenkatheter;
- Verlängerung (30 cm);
- Dreiwegehahn;
- Spritze (Katze 20 ml, großer Hund 60 ml);
- Schermaschine, Desinfektionsmaterial;
- Probenbehälter, EDTA, Heparin, Bakteriologie-Röhrchen.

Der Patient wird vor und während der Durchführung mit Sauerstoff supplementiert. Eine richtig durchgeführte Thorakozentese bedingt mindestens zwei Personen: Eine Person führt die Nadel und kann auch das Tier festhalten, während die zweite Person die Spritze mit dem Dreiwegehahn bedient. Die Thorakozentese erfolgt entweder mittels Nadel (Abb. 3.18) oder mit einem Venenkatheter (Abb. 3.19). Letzteres empfiehlt sich vor allem für die Entleerung eines Pleuraergusses. Bei richtiger Durchführung ist das Komplikationsrisiko mit beiden Methoden gering.

Merke: *Wichtig ist, die Nadel im Thorax nicht zu bewegen und nach Luft oder Flüssigkeit zu „suchen"!*

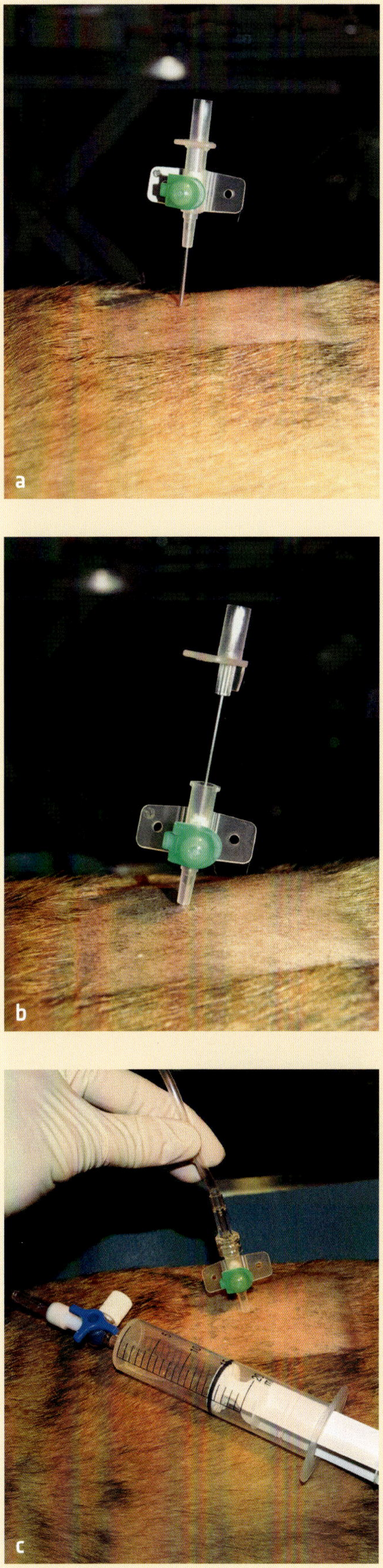

Abb 3.19: Thorakozentese mit Venenkatheter.
a Der Venenkatheter wird mit dem Stilett senkrecht zur Oberfläche vorgeschoben, bis der Pleuralspalt erreicht wird.
b Sobald der Pleuralspalt erreicht ist, wird das Stilett fixiert und der Venenkatheter wird weiter in den Pleuralspalt vorgeschoben.
c Das Stilett wird entfernt, der Venenkatheter mit dem vorbereiteten Verlängerungsschlauch mit aufgesetztem Dreiwegehahn und Spritze verbunden und der Thorax abgesaugt. Der Venenkatheter bleibt dabei in senkrechter Position, um ein Abknicken zu verhindern.

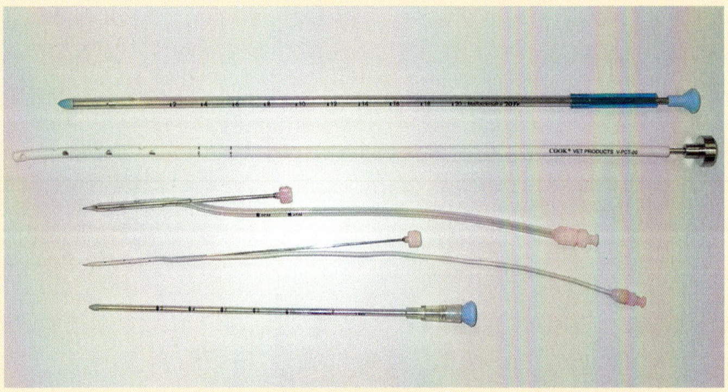

Abb 3.20: Thoraxdrains sollten aus weichem Material (z. B. Silikon, hier weißer Drain) bestehen und mehrere Seitenöffnungen besitzen. Ein Stilett hilft beim Legen des Drains. Mit der vorgestellten Methode (Abb. 3.22) wird keine schneidende Stilettspitze benötigt.

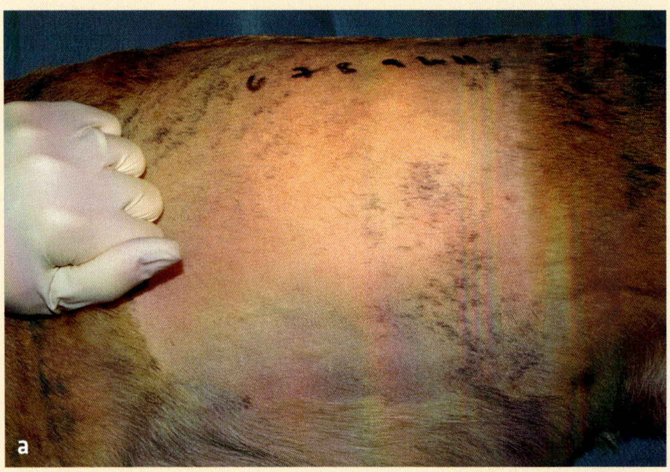

Abb 3.21: Thoraxdrainage.
a Der Thorax wird großzügig ausgeschoren (Schulterblatt bis Rippenbogen) und chirurgisch vorbereitet. Eine Hilfsperson zieht die Haut über dem Thorax Richtung Kopf.

Thoraxdrainage

Das Legen einer Thoraxdrainage ist in der Regel keine Notfallprozedur, kann aber bei Spannungspneumothorax – durch Thorakozentese ist kein Vakuum erreichbar – oder rezidivierendem Pneumothorax – nach drei- bis viermaliger Thorakozentese – indiziert sein.

Folgendes Material wird benötigt:
- Schermaschine, Desinfektionsmaterial;
- Sterile Handschuhe;
- Steriles Abdecktuch;
- Lokalanästhetikum (Lidocain 0,5–2 ml);
- Notfallbesteck mit Skalpell und Klinge, Klemmen, Nadelhalter, sterile Tupfer;
- Monofiler Faden 2-0 bis 0 (z. B. Prolene® oder PDS®);
- Thoraxdrain (12–16 French (F) für Katzen, 16 F für kleine Hunde, 20 F für mittlere Hunde, 24 F für große Hunde);
- Verlängerung inkl. passenden Verbindungsstücks zum Drain (Tannenbaum);
- Dreiwegehahn;
- Spritze (20–50 ml);
- Povidon-Iod-Salbe;
- Sterile Tupfer;
- Verbandsmaterial.

Verschiedene Thoraxdrainagen sind auf dem Markt erhältlich (Abb. 3.20), sie unterscheiden sich in der Konsistenz, Verträglichkeit, Größe und im Preis. Der Durchmesser der Thoraxdrainage sollte der Größe des Hauptbronchus des Patienten entsprechend gewählt werden und an der Spitze mehrere Seitenöffnungen aufweisen.

Das Legen einer Thoraxdrainage muss steril erfolgen. Falls möglich wird das Tier nach der initialen Stabilisation mittels Thorakozentese in Anästhesie gelegt, intubiert und mit 100 % Sauerstoff beatmet. Die manuelle Beatmung muss vorsichtig erfolgen, um die Lungenverletzung nicht zu vergrößern. Ist eine Anästhesie nicht möglich (Spannungspneumothorax), wird die Thoraxdrainage am wachen Tier unter Lokalanästhesie gelegt. Das Legen des Thoraxdrains ist einfacher in Seitenlage, muss beim stark dyspnoeischen Tier aber in Sternallage durchgeführt werden. Abbildung 3.21 zeigt die von den Autoren bevorzugte Methode zur Applikation einer Thoraxdrainage.

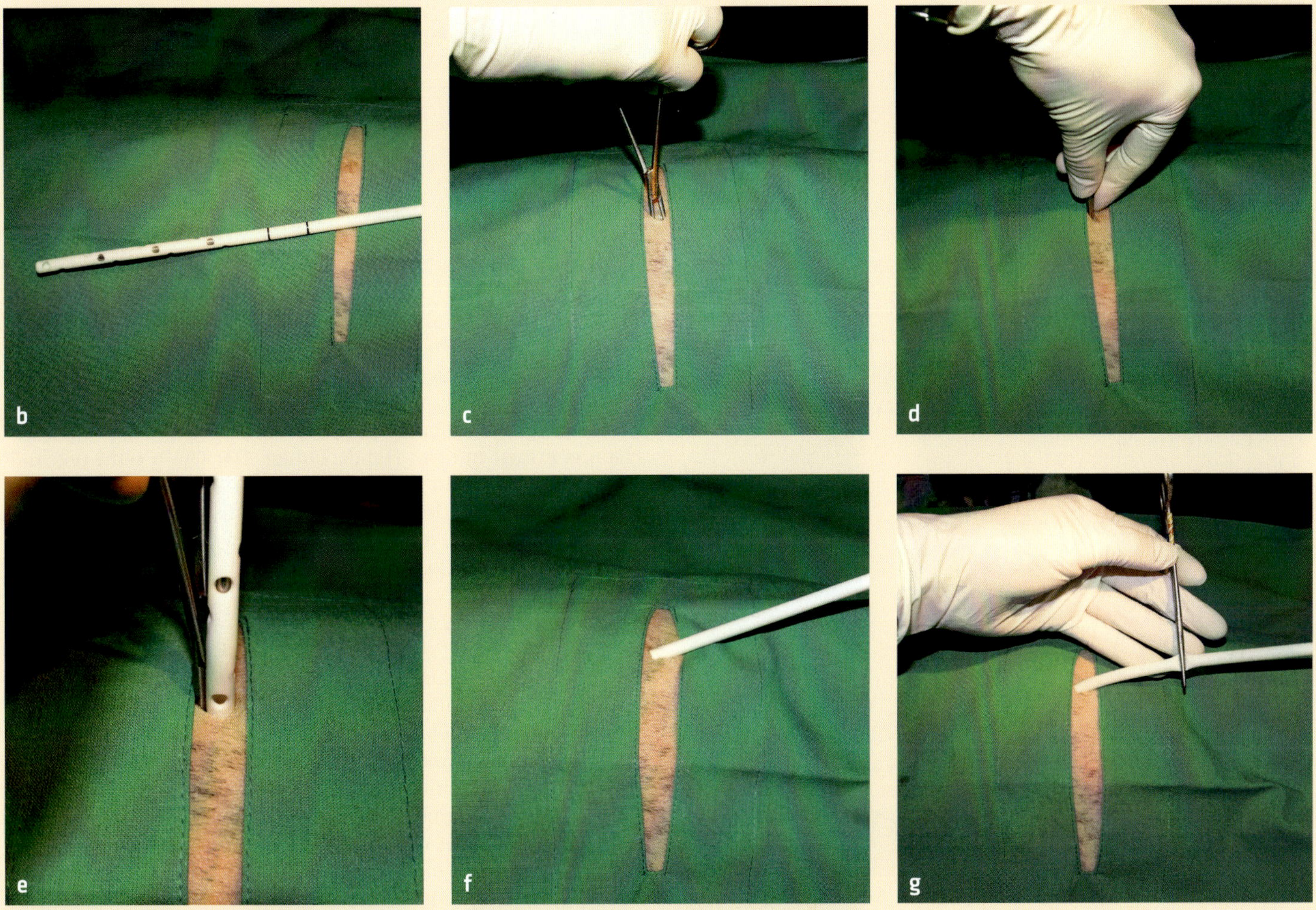

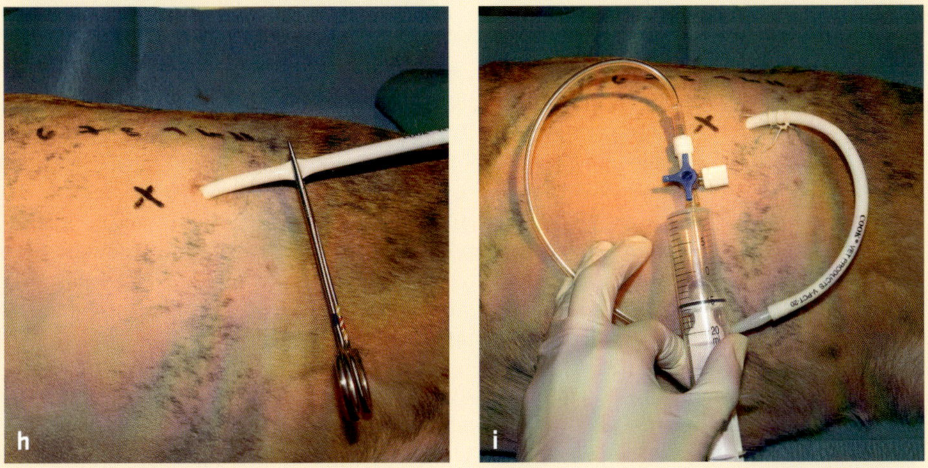

Abb 3.21: Thoraxdrainage.
b An der Inzisionsstelle im oberen Drittel des 7., 8. oder 9. Interkostalraumes wird eine Lokalanästhesie mit Lidocain gesetzt und die Länge des Thoraxdrains abgemessen.
c Über dem anästhesierten Interkostalraum wird eine Hautinzision von 0,5–1 cm durchgeführt. Die Subkutis und Muskulatur wird bis hinunter auf die Pleura stumpf mit einer Klemme präpariert.
d Die Pleura wird mittels geschlossener Klemme stumpf durchstochen. Dabei wird die Ventilation kurz unterbrochen. Um Verletzungen der Lunge und anderer thorakaler Organen zu vermeiden, wird die Klemme wie im Bild gehalten, so dass sie maximal 1 cm in den Thoraxraum eindringen kann.
e Durch Öffnen der Klemme kann der Thoraxdrain in den Pleuralspalt gebracht werden.
f Nach Entfernen der Klemme wird der Drain über das Stilett in Richtung des Ellbogens vorgeschoben.
g Das Stilett wird entfernt und der Thoraxdrain sofort mittels Klemme verschlossen (Ausnahme: Spannungspneumothorax mit Überdruck im Thorax). Zur Kontrolle der Lage wird der Thoraxdrain in der Längsachse um sich selber gedreht. Ist das nicht möglich, ist er im Thorax abgeknickt und muss neu orientiert werden.
h Durch das Loslassen der nach vorne verschobenen Haut wird ein subkutaner Tunnel gebildet (X markiert den Eintritt in den Pleuralspalt).
i Verlängerungsschlauch und Dreiwegehahn werden angebracht. Nach dem Absaugen des Thorax wird der Drain mittels *chinese finger*-Technik angenäht, bevor ein Thoraxverband mit Povidon-Iod-Salbe und sterilem Tupfer angelegt wird.

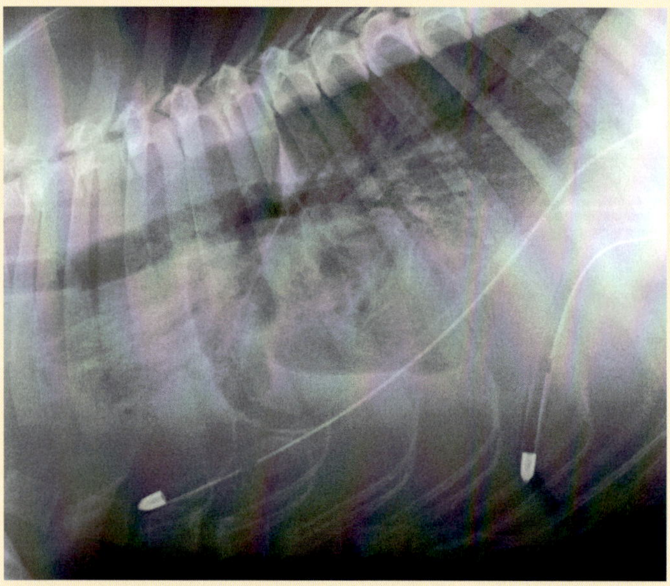

Abb. 3.22: Laterale Röntgenaufnahme des Thorax eines Hundes mit zwei Thoraxdrainagen. Die dorsal gelegene Drainage liegt in der gewünschten Position, der kaudoventrale Drain sollte nach kranial vorgeschoben werden.

Nach dem Legen der Thoraxdrainage empfiehlt sich die Durchführung einer Röntgenaufnahme, um die korrekte Position des Drains zu überprüfen (Abb. 3.22). Sämtliche Seitenöffnungen müssen sich im Pleuralspalt befinden. Die Manipulation des Drains erfolgt nur mit Handschuhen. Der Drain wird regelmäßig – initial alle 30 Minuten, danach alle zwei bis vier Stunden – abgesaugt. Der Dreiwegehahn muss immer geschlossen und gesichert sein, der Thoraxverband wird täglich gewechselt und die Drainage kontrolliert.

Werden während 24 Stunden keine Luft und/oder weniger als 2 ml/kg Flüssigkeit abgesaugt, kann der Drain entfernt werden, bei Kontamination oder einer Verweildauer von mehr als vier bis fünf Tagen sollte er ebenfalls gezogen werden. Der Drain wird nach Entfernen der Fäden vorsichtig gezogen, die Wunde wird in der Regel nicht vernäht. Ist sie sehr groß, kann in der Mitte eine Hautklammer gesetzt werden. Die Eintrittsstelle wird mit Povidon-Iod-Salbe und einem sterilem Tupfer abgedeckt und für 24 Stunden mit einem Verband bedeckt. Nach Entfernung des Drains sollte eine engmaschige Kontrolle von Atemfrequenz, Lungengeräuschen und Schleimhautfarbe erfolgen.

Chirurgische Interventionen

Chirurgische Interventionen sind in der Regel nicht Bestandteil der initialen Stabilisation des Patienten, können aber für das Management von Traumapatienten mit Atemproblemen nötig sein. Indikationen für eine Operation sind Thoraxwunden, Zwerchfellhernien und seltener Rippenfrakturen. Die Thoraxchirurgie bedingt eine Anästhesie mit Intubation und die Beatmung des Patienten (100 % Sauerstoff), da bei offenem Thorax unter Anästhesie der negative Pleuraldruck zur Unterstützung der Atemfunktion fehlt. Bei ungenügender Ausstattung der Klinik oder bei Personalmangel empfiehlt sich die Überweisung in eine Spezialklinik.

Offene Thoraxwunden werden bei der Vorstellung notfallmäßig abgedeckt, um weitere Kontaminationen zu vermeiden, und erst nach der Stabilisation des Patienten chirurgisch versorgt.

Merke: *Eine penetrierende Thoraxwunde darf nie durch einen (Druck-)Verband geschlossen werden, da der so erreichte Verschluss der Thoraxwunde zu einem lebensbedrohenden Spannungspneumothorax führen kann!*

Große Wunden werden mit Gazetupfern geschützt, die an drei Seiten angeklebt werden, alternativ kann zur Überbrückung,

z. B. für den Transport in eine Spezialklinik, ein Thoraxdrain direkt in die Wunde gelegt werden, dieser muss jedoch kontinuierlich abgesaugt werden oder an ein Heimlich-Ventil angeschlossen sein. Ein Heimlich-Ventil funktioniert nur, solange es nicht der Feuchtigkeit ausgesetzt ist und dadurch funktionslos wird (z. B. bei einem Hämothorax). Thoraxdrainagen, die unsteril oder direkt in die Wunde gelegt wurden, können aufgrund der Infektionsgefahr nur kurzfristig (wenige Stunden) zur Stabilisation belassen werden.

Kleinere Hautwunden, speziell nach Bissverletzungen, maskieren häufig ein massives subkutanes und intrapleurales Gewebetrauma (Abb. 3.23) und werden deshalb wie große Thoraxwunden chirurgisch evaluiert und versorgt. Dabei muss auch bei kleinen Hautwunden damit gerechnet werden, dass die Wunde – und damit die chirurgische Exploration – bis in den Pleuralspalt reicht. Nach der Versorgung von Thoraxwunden (Grundlagen der Wundversorgung, s. Kap. 6.1) wird ein Thoraxverband angelegt. Patienten mit perforierenden Thoraxwunden und Thoraxverband müssen initial kontinuierlich beobachtet werden, da eine Thorakozentese zum Absaugen von Luft und/oder Flüssigkeit nötig werden kann. Idealerweise wird während der Operation eine Thoraxdrainage gelegt.

Rippenfrakturen können in der Regel konservativ behandelt werden. Eine adäquate Schmerztherapie ist essenziell, um eine genügende Ventilation aufrechtzuerhalten. Die Analgesie kann sowohl systemisch als auch lokal (s. Kap. 7.1) erfolgen. Rippenserienfrakturen oder eine sogenannte *flail chest* müssen – abhängig von der Klinik und der Lokalisation der Frakturenden – chirurgisch versorgt werden.

Zwerchfellhernien werden ebenfalls chirurgisch versorgt. Dabei handelt es sich nicht um eine Notfalloperation, die Patienten werden zunächst mit Sauerstoff, adäquater Analgesie und Ruhe stabilisiert. Die Hochlagerung des Oberkörpers kann die Atmung vereinfachen. Indikationen für eine notfallmäßige Operation sind Patienten, die sich nicht stabilisieren lassen oder bei denen der gasgefüllte Magen vorgelagert ist. Für die Beschreibung der chirurgischen Versorgung von Zwerchfellhernien wird auf die entsprechende Fachliteratur verwiesen.

Medikamentelle Therapie

Beim Traumapatienten mit Atemnot ergeben sich neben der Analgesie nur wenige Indikationen für eine medikamentelle Therapie (Tab. 3.3). Bronchodilatatoren, wie Terbutalin

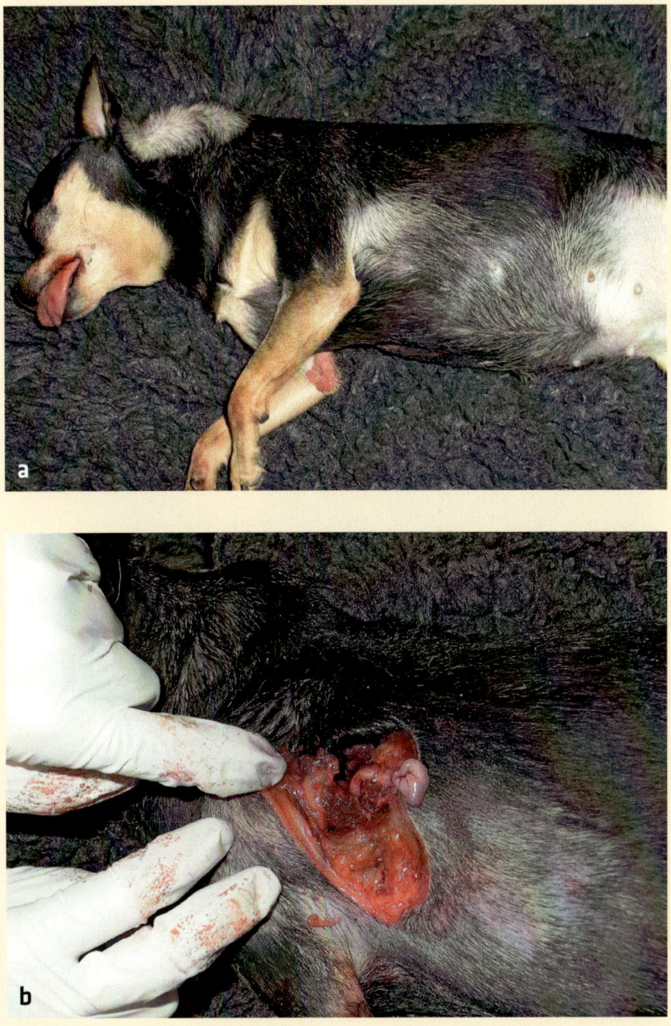

Abb. 3.23: Hund mit Thoraxtrauma, verstorben nach Autounfall.
a Äußerlich ist nur eine kleine Stichverletzung hinter dem Ellbogen sichtbar.
b Der Hund zeigte innerlich ein massives Lungentrauma sowie eine Ösophagusdurchtrennung durch die schneidenden Frakturenden einer Wirbelfraktur.

(0,01 mg/kg i.m. oder s.c. alle 4–8 Stunden) oder Theophyllin (4 mg/kg langsam i.v.), können bei unteren Atemwegsproblemen hilfreich sein. Als Nebenwirkung aller Bronchodilatatoren kann eine Erhöhung der Herzfrequenz eintreten, weshalb bei sehr tachykarden Tieren die Indikation eingeschränkt ist. Furosemid ist nur bei Vorliegen eines Lungenödems aufgrund erhöhten hydrostatischen Drucks (Herzversagen) hilfreich und aus diesem Grund und wegen der häufigen Hypovolämie bei Traumapatienten sehr selten indiziert.

Steroide in entzündungshemmender Dosierung (Prednisolon 0,5–1 mg/kg) finden Anwendung bei oberen Atemwegsstenosen und gegebenenfalls bei bronchialen Problemen.

Eine antibiotische Abdeckung ist bei penetrierenden Hautwunden indiziert. Die Wahl des Antibiotikums richtet sich nach den vermuteten Keimen bzw. dem Antibiogramm. Lungenkontusionen ohne zusätzliche Hautverletzungen benötigen keine antibiotische Therapie.

Tab. 3.3: Medikamentelle Therapie von Atemnot beim Traumapatienten

Wirkstoff	Dosierung	Wirkung/Indikation
Acepromazin	0,005 mg/kg i.v./i.m.	Sedation bei oberer Atemwegsstenose (in Kombination mit einem Opioid)
Beclomethason	1 Pumpstoß lokal	abschwellend
Butorphanol	0,1–0,2 mg/kg i.v./i.m./s.c.	Analgesie (40 Minuten), Sedation (2–4 Stunden)
Dexamethason	0,25 mg/kg i.v.	entzündungshemmend, abschwellend
Fentanyl	2–5 µg/kg i.v./i.m.	Analgesie (20 Minuten)
Fluticason	44–220 µg 2 × tgl.	Steroid zur Inhalation
Methadon	0,1–0,2 mg/kg i.v./i.m.	Analgesie (1–2 Stunden)
Salbuteron	108 µg (1 Pumpstoß), Inhalation so oft wie nötig	selektiver Bronchodilatator zur Inhalation
Terbutalin	0,01 mg/kg s.c.	selektiver Bronchodilatator
Theophyllin	4 mg/kg langsam i.v./i.m.	Bronchodilatator (nicht selektiv)

3.2 Kreislauf

Die Versorgung der Zellen mit Sauerstoff steht bei der Stabilisation des Traumapatienten im Vordergrund und bedingt neben der Sicherstellung der Sauerstoffaufnahme über die Lunge eine adäquate Perfusion aller Gewebe. Kann dies nicht gewährleistet werden, kommt es zum Schock. Dieser ist definiert als ein Zustand verminderter oder fehlender Perfusion, in deren Folge die Aufrechterhaltung der zellulären Energieproduktion aufgrund ungenügender Sauerstoffversorgung der Zellen nicht möglich ist und es daher zu metabolischen Veränderungen kommt.

Anhand der pathophysiologischen Prozesse, die initial zu einem verminderten Herzminutenvolumen und anschließend zu einer ungenügenden Durchblutung führen, werden klinisch vier Schockarten unterschieden: hypovolämisch, obstruktiv, distributiv und kardiogen (Tab. 3.4). Beim Traumapatienten spielt vor allem der hypovolämische Schock durch Blutverlust eine Rolle, ein distributiver Schock aufgrund entzündungsbedingter Vasodilatation oder eine kardiogene Komponente durch traumabedingte Herzrhythmusstörungen sind als Folgeerscheinung des Traumas aber ebenfalls möglich.

Das normale Blutvolumen beträgt beim Hund 90 ml pro Kilogramm Körpergewicht (kg KM) und bei der Katze 60 ml/kg KM. Eine Reduktion des Blutvolumens um 10–15 % ist mit geringen klinischen Symptomen verbunden (z.B. bei Blutspenden). Bei einem Verlust von 20–35 % sind klinische Zeichen des hypovolämischen Schocks zu erwarten. Verluste von mehr als 40 % sind fatal, wenn sie nicht mit einer angemessenen Therapie behandelt werden.

Tab. 3.4: Schockarten

Schockart	Beispiel	Pathophysiologie
hypovolämisch	innere und äußere Blutungen	Blutverlust führt zu Hypovolämie und vermindertem venösem Rückfluss zum Herzen
obstruktiv	Spannungspneumothorax, -pneumomediastinum	Obstruktion der Hohlvene führt zu vermindertem venösen Rückfluss (relative Hypovolämie ohne Volumenverlust)
distributiv	generalisierte Entzündung, Sepsis, Hirnstammläsionen	generalisierte Vasodilatation führt zu einer „Versackung“ des Blutes in der Peripherie und nachfolgend vermindertem venösem Rückfluss
kardiogen	traumatische Myokarditis	verminderte Kontraktiliät, mit/ohne Arrhythmien

3.2.1 Klinik

Die klinischen Zeichen des Schocks sind durch die Aktivierung des sympathischen Nervensystems bedingt und sind abhängig vom Schockstadium (Tab. 3.5). Zu den Perfusionsparametern, die bei jedem Traumapatienten untersucht werden sollten, gehören:

- Herzfrequenz;
- Pulsfrequenz und -qualität;
- Schleimhautfarbe und kapilläre Füllungszeit (KFZ);
- Temperatur (rektal und an den Akren);
- Bewusstseinszustand.

Der kompensierte Schock äußert sich mit Tachykardie, rosageröteten Schleimhäuten und kurzer KFZ sowie pochendem Puls (Abb. 3.24). Schleimhäute, KFZ und Pulsstärke können auch normal sein. Katzen zeigen selten einen kompensierten Schockzustand, sondern häufiger klinische Zeichen eines frühen dekompensierten Schocks mit Tachykardie, blass-weißer Schleimhautfarbe und verlängerter KFZ sowie schwachem Puls und Apathie (Abb. 3.25). Im Stadium des späten dekompensierten Schocks zeigen die Tiere verwaschene Schleimhäute, eine verlängerte oder nicht mehr messbare KFZ, Tachykardie, Bradykardie oder Arrhythmien, Atemprobleme, Hypothermie und Stupor. Diesem Schockstadium folgt der terminale Schock mit anschließendem kardio-pulmonären Arrest (Abb. 3.26).

Tab. 3.5: Schockstadien und klinische Symptome beim hypovolämischen Schock

Parameter	Kompensiert	Dekompensiert, frühes Stadium	Dekompensiert, spätes Stadium	Terminal
Herzfrequenz	Tachykardie	Tachykardie	Tachykardie → Bradykardie	Bradykardie
Pulsstärke	pochend	schwach	schwach	schwach bis abwesend
Schleimhautfarbe	gerötet	blass	weiß-grau	grau-violett
kapilläre Füllungszeit (KFZ)	<1 s	>2 s	>2–3 s	nicht bestimmbar
Bewusstsein	normal	Apathie	Apathie	Stupor
periphere Temperatur	normal	beginnende Hypothermie	Hypothermie, kalte Akren	Hypothermie, kalte Akren
Harnproduktion	normal	erniedrigt	erniedrigt	erniedrigt
Blutdruck	normal bis erhöht	normal bis erniedrigt	Hypotension	Hypotension

3.2.2 Differenzialdiagnosen

Bei klinischen Zeichen von kompensiertem Schock muss an die folgenden Differenzialdiagnosen gedacht werden:
- Aufregung, Stress;
- Hyperthermie;
- Sepsis;
- Urämie;
- Schmerz.

Die Differenzialdiagnosen von dekompensiertem Schock mit blassen Schleimhäuten und verlängerter KFZ sind:
- Hypothermie (v. a. Katzen);
- Schmerz;
- Anämie (normale KFZ).

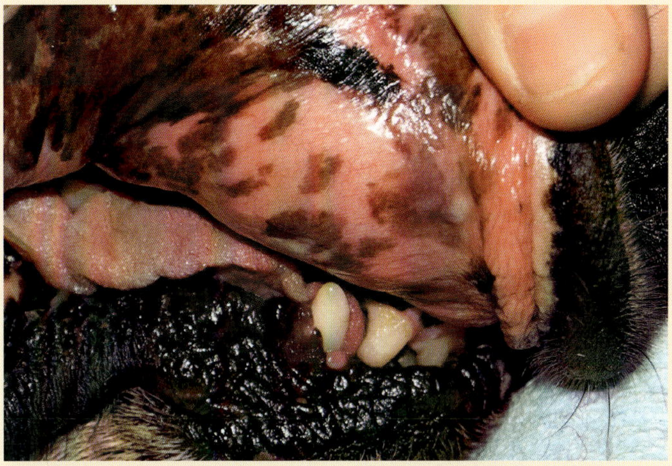

Abb. 3.24: Ein kompensierter Schock äußert sich aufgrund der Kompensationsmechanismen (Erhöhung der Herzfrequenz und Kontraktilität) mit geröteten Schleimhäuten und kurzer kapillärer Füllungszeit.

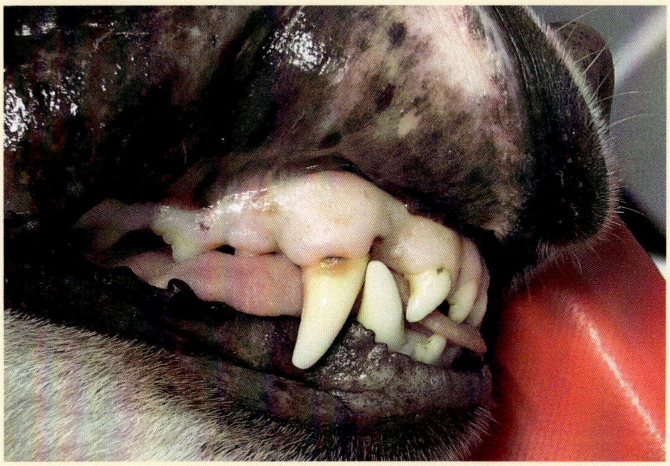

Abb. 3.25: Beim dekompensierten Schock kommt es aufgrund der Vasokonstriktion zu blassen bis weißen Schleimhäuten und verlängerter bis nicht messbarer kapillärer Füllungszeit.

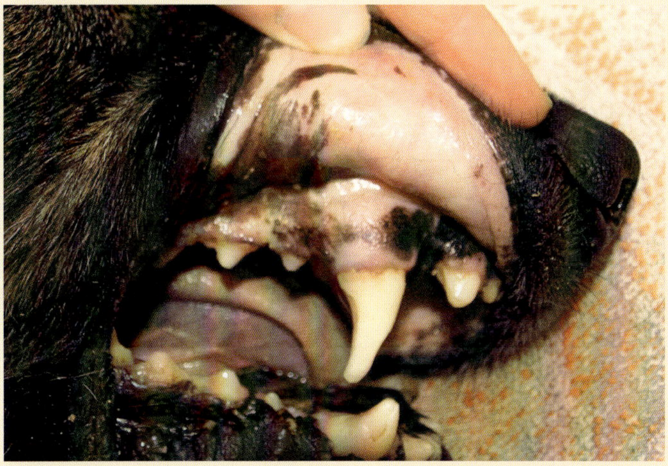

Abb. 3.26: Im terminalen Schockzustand öffnen sich die peripheren Gefäße aufgrund des Sauerstoff- und Energiemangels wieder, was zu verwaschenen zyanotischen Schleimhäuten, Bradykardie und Tod führt.

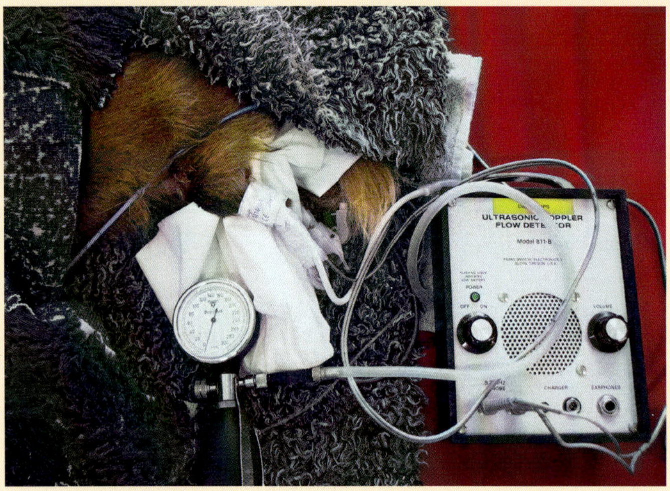

Abb. 3.27: Nichtinvasive Blutdruckmessung mittels Doppler. Die Dopplersonde wird oberhalb des Hauptballens auf der geschorenen Hautfläche über der Metacarpal- oder Metatarsalarterie festgeklebt. Das Dopplergerät wandelt die Pulswellen in ein akustisches Signal um. Durch Blutdruckmanschette und Sphygmomanometer kann der systolische Blutdruck bestimmt werden.

3.2.3 Diagnostische Aufarbeitung

Zur Identifikation eines Perfusionsdefizites und der Ursache des Schocks können neben der klinischen Untersuchung die folgenden Untersuchungen beitragen:

- Blutdruckmessung;
- EKG;
- Blutgasanalysen;
- Laktatmessung;
- Hämatokrit/Totalprotein.

Der arterielle Blutdruck wird aufgrund der kompensatorischen Vasokonstriktion relativ lange aufrechterhalten. Ein normaler Blutdruck bedeutet jedoch nicht unbedingt auch einen normalen Blutfluss. Hypotension ist ein Zeichen eines fortgeschrittenen spät-dekompensierten Schockzustandes. Der Blutdruck wird unter Notfallbedingungen nichtinvasiv mittels Doppler-Methode (Abb. 3.27) oder Oszillometrie bestimmt, obwohl die direkte arterielle Messmethode genauer ist.

Eine EKG-Analyse sollte vor allem bei Patienten mit Bradykardie oder massiver Tachykardie sowie bei Hinweisen auf Arrhythmien durchgeführt werden. Traumatisch bedingte Arrhythmien – in der Regel ventrikuläre Extrasystolen – können sowohl direkt als auch erst mehrere Stunden bis Tage nach dem Trauma auftreten. Schock und Hypoxie sind weitere Ursachen von Arrhythmien beim Traumapatienten.

Hypoxie ist mit einer vermehrten Laktatproduktion verbunden und führt zu einer metabolischen Azidose. Das angesammelte Laktat kann im Blut nachgewiesen werden. Laktatwerte >2,5 mmol/l im Zusammenhang mit entsprechenden klinischen Symptomen gehen in der Regel mit einer verminderten Perfusion einher, die Höhe des Laktatspiegels korreliert mit dem Schockgrad.

Die Bestimmung von Hämatokrit und Totalprotein sollte ebenfalls zur Grunddiagnostik bei sämtlichen Traumapatienten gehören und ist mittels Mikrohämatokritröhrchen und Refraktometer einfach zu messen (Abb. 3.28). Je nach Menge und Dauer des Blutverlustes kann der Hämatokrit bereits erniedrigt sein, während er bei akuter Blutung aufgrund fehlender Verdünnung noch normal ist.

3.2.4 Stabilisation und Therapie

Die Hauptkomponenten der Schockbehandlung sind eine Flüssigkeitstherapie zur Wiederherstellung des intravaskulären Volumens, Blutungskontrollen, Sauerstoffsupplementierung und Analgesie.

Die Blutungskontrolle/Blutstillung erfolgt bei äußerlichen Blutungen mittels Druckverband oder Ligation des blutenden Gefäßes. Eine Sauerstoffapplikation geschieht am einfachsten mittels *flow by* oder per Maske und ist häufig nur während der Stabilisierungsphase nötig. Schmerzen können die gleichen Symptome wie Schock verursachen, was eine Interpretation der Perfusion schwierig macht. Da alle Traumapatienten potenziell Schmerzen haben, sollten sie so früh wie möglich analgetisch abgedeckt werden. Möglichkeiten der Analgesie beim Traumapatienten sind in Kapitel 7.1 beschrieben. Da der Darmtrakt und die Nieren im Schock nur reduziert bis gar nicht durchblutet werden, sind Steroide beim Schockpatienten kontraindiziert und auf die Applikation von nichtsteroidalen Entzündungshemmern (NSAID) sollte vor der Sicherstellung einer normalen Perfusion ebenfalls verzichtet werden.

Intravenöser Zugang

Traumapatienten mit klinischen Symptomen eines Schocks müssen schnell und mit großen Mengen an Flüssigkeit intravaskulär therapiert werden, weshalb ein venöser Zugang nötig ist. Am besten eignen sich dazu die V. cephalica sowie die laterale oder mediane V. saphena, wobei die mediane V. saphena vor allem bei Katzen und schlanken Hunden eine sehr gute Alternative für einen intravenösen Zugang darstellt (Abb. 3.29).

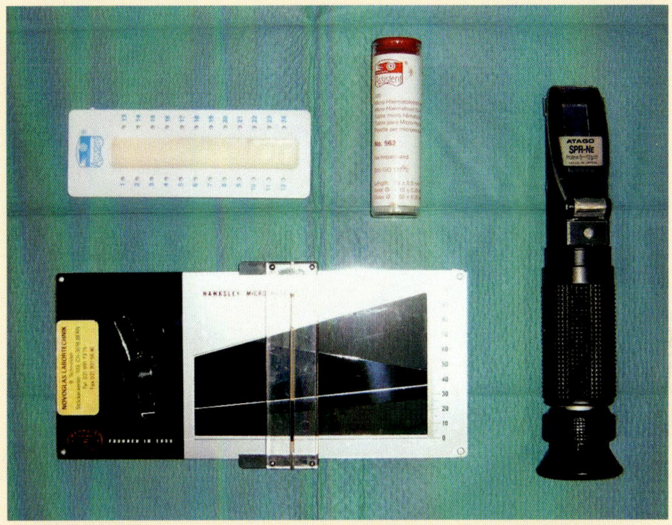

Abb. 3.28: Hämatokrit- und Totalproteinbestimmung nach Zentrifugation mittels Mikrohämatokritkapillare, Ablesescheibe und Refraktometer.

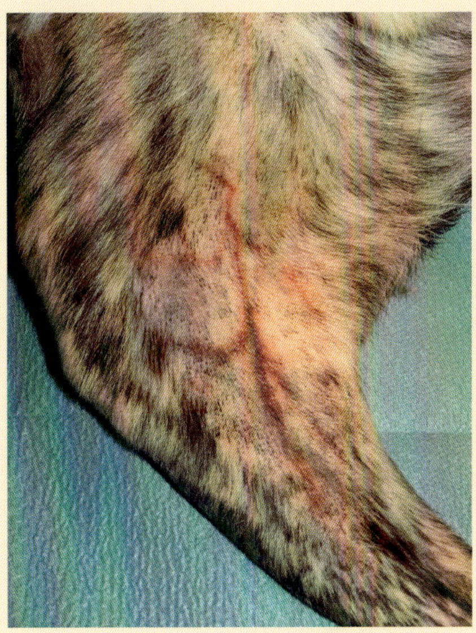

Abb. 3.29: Die mediane V. saphena mit ihren Verzweigungen eignet sich vor allem bei Katzen sehr gut zur intravenösen Infusionstherapie. Die Venenkatheterisierung sollte oberhalb des Knies durchgeführt werden, um die Befestigung des Katheters zu erleichtern.

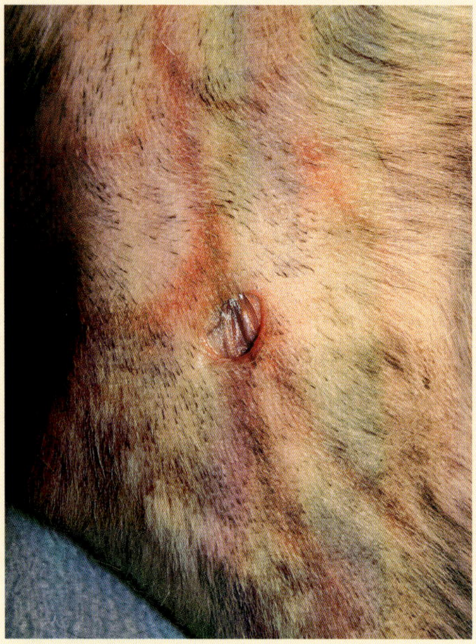

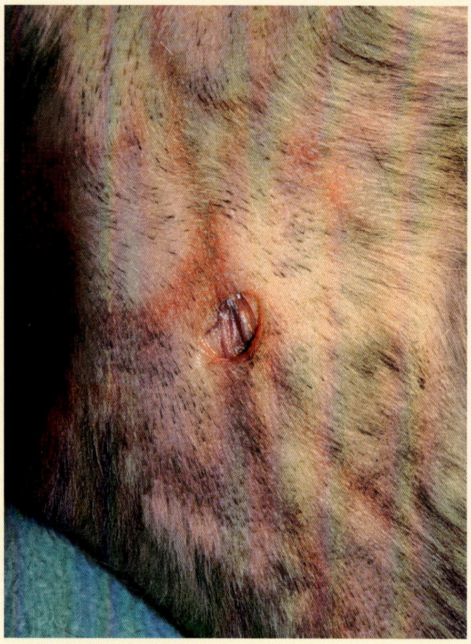

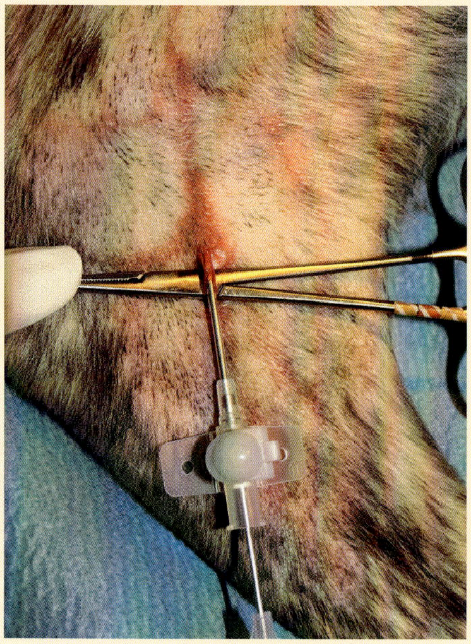

Abb. 3.30: *Cutdown.*
a Ein Entlastungshautschnitt über der Vene erleichtert die Katheterisierung der Vene aufgrund des reduzierten Hautwiderstandes.

b Kollabierte Venen werden nach der Hautinzision mit Hilfe einer kleinen Klemme stumpf präpariert und freigelegt.

c Die Katheterisierung der freipräparierten Vene erfolgt unter Sichtkontrolle.

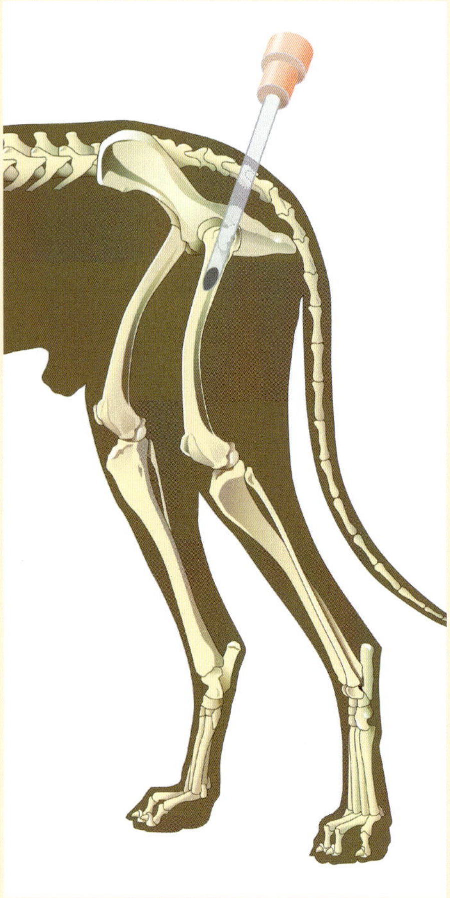

Abb. 3.31: Intraossärer Katheter am Femur. Ein spezieller intraossärer Katheter oder eine normale Nadel (16–18 G) wird nach Lokalänästhesie des Periostes in Längsrichtung durch die Fossa intertrochanterica in den Femur vorgeschoben. Die Fossa intertrochanterica kann medial vom Trochanter major palpiert werden. Der Katheter wird mit Klebeband befestigt und kann – mit Ausnahme von hypo- oder hypertonen Lösungen und Medikamenten – wie ein intravenöser Katheter benutzt werden, so lange er sauber gehalten werden kann.

Merke: Da die Durchflussrate eines Katheters nicht nur von seinem Radius, sondern auch von der Länge abhängig ist (Poiseuille-Gesetz), sollte ein großer aber kurzer Venenkatheter gewählt werden, um eine schnelle Infusionstherapie zu gewährleisten!

Bei Patienten im dekompensierten Schock ist unter Umständen ein Hautschnitt oder sogar ein Mini-*Cutdown* mit Präparation der Vene notwendig (Abb. 3.30). Als Alternative zur intravaskulären Applikation kann die Flüssigkeitstherapie intraossär erfolgen, dies ist vor allem bei kleinen und jungen Tieren einfacher (Abb. 3.31). Ein intraossärer Zugang ist am einfachsten am Femur (Fossa intertrochanterica) zu legen. Bei jungen Tieren kann eine gelbe (20 G) oder rosa Kanüle (18 G) verwendet werden, bei größeren oder älteren Tieren sind die kommerziell erhältlichen intraossären Kanülen handlicher.

Infusionstherapie

Intravaskuläre Flüssigkeitsdefizite (hypovolämischer, obstruktiver und distributiver Schock) können mit isotonen kristalloiden Lösungen, Kolloiden, hypertoner Kochsalzlösung, Blutprodukten oder Kombinationen davon ersetzt werden. Die optimale Infusionslösung zur Behandlung des hypovolämischen Schocks ist weiterhin umstritten und abhängig vom Schockgrad, der Ursache sowie den Präferenzen des Tierarztes.

Isotone kristalloide Lösungen (Abb. 3.32), wie Ringer-Laktat oder 0,9%iges Natriumchlorid, verteilen sich im ganzen Extrazellularraum, nur ein Viertel der applizierten Menge ist nach zwei Stunden noch intravaskulär verfügbar.

Kolloide (Abb. 3.33) bleiben aufgrund ihrer Molekülgröße im Gefäßsystem und ziehen daher osmotisch Wasser aus dem Intersitium in die Gefäße. Bei gleichzeitiger Applikation kristalloider Lösungen kann so die Volumenwirksamkeit Letzterer gesteigert (verlängert) werden. Beim Traumapatienten steht in der Regel ein Blutverlust im Vordergrund, weshalb die Kombination von kristalloiden und kolloidalen Infusionslösungen nicht nur eine schnelle und länger wirksame Therapie der Hypovolämie ermöglicht, sondern auch die Verluste von Flüssigkeit und Proteinen am idealsten ersetzt.

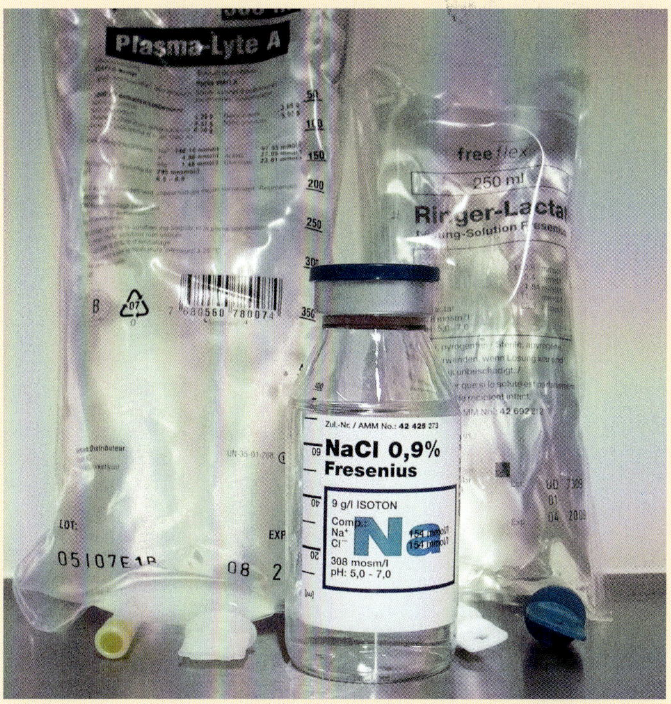

Abb. 3.32: Isotone kristalloide Infusionslösungen, wie Ringer-Laktat, Plasma-Lyte™A, Stereofundin®Iso und 0,9 % NaCl, weisen eine ähnliche Osmolarität wie Blut auf und verteilen sich im Körper primär im interstitiellen Raum.

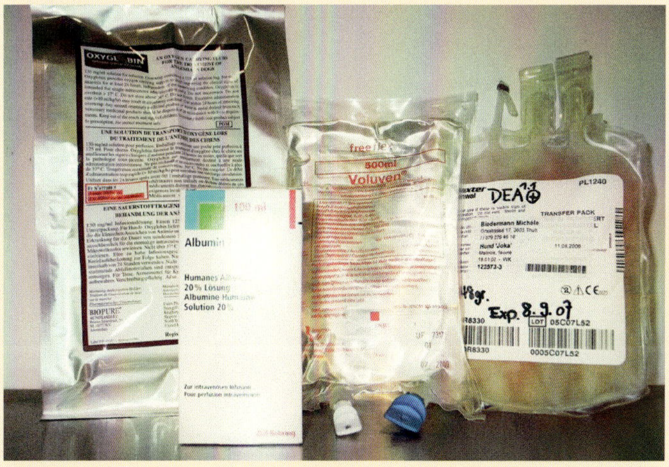

Abb. 3.33: Synthetische kolloidale Infusionslösungen, wie HAES-steril®10%, Voluven®, Tetraspan®, Venofundin® und Dextrane, enthalten Makromoleküle, die längere Zeit im Gefäßsystem verbleiben und den Proteinverlust stabilisieren. Bei starkem Blutverlust sind unter Umständen natürliche Kolloide wie Plasma, Vollblut oder Albuminlösungen indiziert.

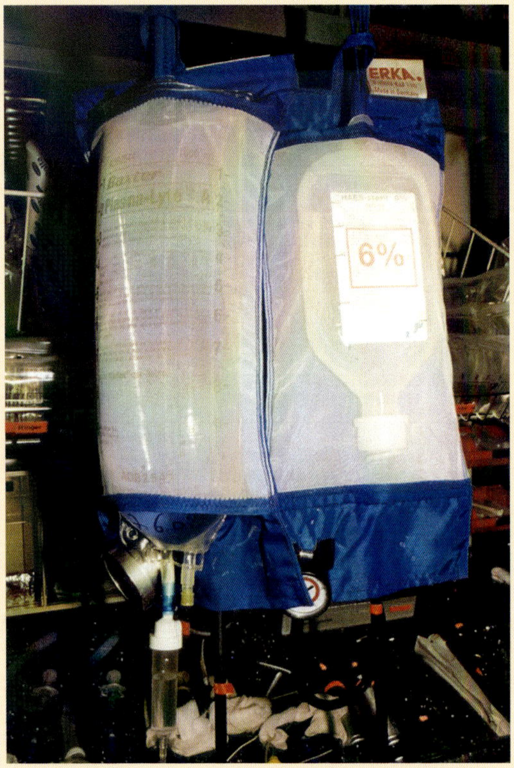

Abb. 3.34: Bei Boli von 500–1000 ml kann die Applikation nur mittels Druckbeutel schnell genug in 10–15 Minuten erfolgen.

Da die exakte Flüssigkeitsmenge nicht genau bestimmbar ist – die oft zitierte Schockdosis von 60–90 ml/kg/h ist speziell in Kombination mit Kolloiden inadäquat und sollte nicht mehr verwendet werden – und die Normalisierung des Blutvolumens so schnell wie möglich erfolgen sollte, werden die Infusionslösungen mittels Bolustherapie verabreicht. Die Menge richtet sich nach Art und Grad des Schocks, der Tierart und der Flüssigkeitswahl (Tab. 3.6). Bei Katzen sind allgemein eher kleinere Boli zu wählen, da sie ein viel kleineres Blutvolumen als Hunde aufweisen. Beim Notfallpatienten mit Hinweisen auf einen dekompensierten Schock wird ein erster Bolus von 20 ml/kg (Hund) resp. 10 ml/kg (Katze) einer isotonen kristalloiden Lösung (z. B. Ringer-Laktat) und ein Bolus von 10 ml/kg (Hund) resp. 5 ml/kg (Katze) eines Kolloids (z. B. Tetraspan® oder Voluven®) intravenös über 10–15 Minuten verabreicht. Idealerweise erfolgt die Applikation der Flüssigkeitsmenge kontrolliert per Infusionspumpe, bei großen Tieren kann die Applikation mittels Druckbeutel nötig sein (Abb. 3.34), bei kleinen Tieren wird der benötigte Bolus vorzugsweise mit einer Spritze von Hand appliziert. Danach wird der Patient reevaluiert. Sind die Perfusionsparameter weiterhin abnormal, wird der Bolus wiederholt, bis normale Perfusionsparameter erreicht werden (Tab. 3.7). Je nach Schockart, Ursache und Ausmaß sind mehrere Boli oder verschiedene Kombinationen (kristalloide und kolloidale Lösungen oder Blutprodukte) nötig.

Die Gabe hypertoner Kochsalzlösung kann beim späten dekompensierten Schock lebensrettend sein, da ein sofortiger Effekt erzielt und Zeit gewonnen wird, um andere Infusionen zu applizieren. **Hypertone Kochsalzlösung** führt zu einer sehr schnellen Umverteilung von Wasser aus dem interstitiellen Raum in den intravaskulären Raum, womit das Blutvolumen schnell und effektiv erhöht wird, allerdings dauert dieser Effekt nur 15–20 Minuten an. Der Effekt der hypertonen Kochsalzlösung kann mittels gleichzeitiger Gabe von HAES oder Dextran verlängert werden. Die Dosierung für hypertone Kochsalzlösung (7–8 %) beträgt 4 ml/kg Körpergewicht. Da das Interstitium bei der Applikation von hypertoner Kochsalzlösung dehydriert wird, müssen diese Patienten anschließend unbedingt mit einer isotonen Lösung wieder rehydriert werden.

Tab. 3.6: Art und Menge der Infusionslösung zur Therapie bei Traumapatienten

Kardiovaskuläres Problem	Dosierung isotononer Kristalloide (Ringer-Laktat)	Dosierung Kolloide (HAES 6 %)	Hinweise
kompensierter hypovolämischer Schock	Hund: 10–30 ml/kg als Bolus Katze: 10 ml/kg als Bolus	—	Wiederholung des Bolus bei Bedarf
	Hund: 15 ml/kg als Bolus Katze: 5 ml/kg als Bolus	5 ml/kg als Bolus 5 ml/kg als Bolus	Wiederholung des Bolus bei Bedarf
dekompensierter hypovolämischer Schock	Hund: 15–30 ml/kg als Bolus Katze: 10 ml/kg als Bolus	5–10 ml/kg als Bolus 5 ml/kg als Bolus	Wiederholung des Bolus bei Bedarf
	5–10 ml/kg als Bolus + 4 ml/kg hypertone NaCl-Lösung	5 ml/kg als Bolus	Wiederholung des Bolus bei Bedarf
hypovolämischer Schock mit Verdacht auf innere Blutungen	Hund: 10 ml/kg als Bolus Katze: 5 ml/kg als Bolus	3–5 ml/kg als Bolus; Vollblut/Erythrozytenkonzentrat nach Bedarf	Ziel der Infusion: systolischer Blutdruck = 100 mmHg, mittlerer Blutdruck = 60 mmHg; Wiederholung des Bolus bei Bedarf
Trauma mit Hypothermie (<35 °C)	Hund: 10 ml/kg als Bolus Katze: 5 ml/kg als Bolus	5 ml/kg als Bolus 2–3 ml/kg als Bolus	Wiederholung der Infusion, wenn Schocksymptomatik bei Erreichen der Normothermie des Patienten bestehen bleibt
Koagulopathie		Plasma 8–15 ml/kg über 6 h	

Außer bei gleichzeitigem Schädel-Hirn-Trauma sollte bei Verdacht auf innere Blutungen, – wie beim Hämoabdomen oder Lungenkontusionen – eine vorsichtige Flüssigkeitstherapie erfolgen, hier werden die Boli kleiner gewählt (5–10 ml/kg Ringer-Laktat und 3–5 ml/kg Kolloid) und der Patient wird sehr genau beobachtet. Diese konservative Flüssigkeitstherapie wird als *limited fluid volume resuscitation* bezeichnet, das Ziel ist hier eine gerade ausreichende Perfusion, das heißt ein mittlerer Blutdruck von 60 mmHg, um eine Überinfusion und erneute Blutungen zu vermeiden. Die Infusionsmenge wird bei hypothermen Traumapatienten (vor allem Katzen) ebenfalls sehr konservativ gewählt (vgl. Tab. 3.6).

Traumapatienten im Schock müssen aufgewärmt werden (>36°C Körpertemperatur), um eine adäquate Beurteilung der Perfusion zu gewährleisten und Überinfusionen zu vermeiden. Dazu eignen sich Wärmflaschen, mit warmem Wasser gefüllte Einweghandschuhe, angewärmte Infusionslösungen, Wärmelampen oder die Warmluftzufuhr durch entsprechende Gebläse (z. B. Bair-Hugger®).

Tab. 3.7: Ziele der Schocktherapie

Parameter	Normalwerte
Herzfrequenz	60–100/min (Hund) 160–180/min (Katze)
Schleimhäute	rosa, feucht
kapilläre Füllungszeit	1,5 s
Puls	kräftig, regelmäßig
mittlerer Blutdruck	80 mmHg
Sauerstoffsättigung (SpO_2)	>95 %
Harnproduktion	>1 ml/kg/h
Hämatokrit	>25 %
Albumin	>20 g/l (<2 g/dl)

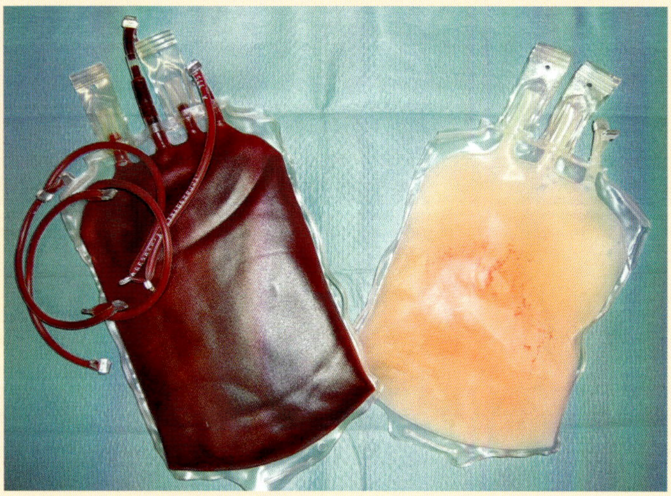

Abb. 3.35: Blutprodukte: Zur Aufrechterhaltung einer normalen Hämoglobinkonzentration und Oxygenierung des Blutes eignen sich sowohl frisches Vollblut als auch Erythrozytenkonzentrate. Plasma wird bei Koagulopathien verwendet.

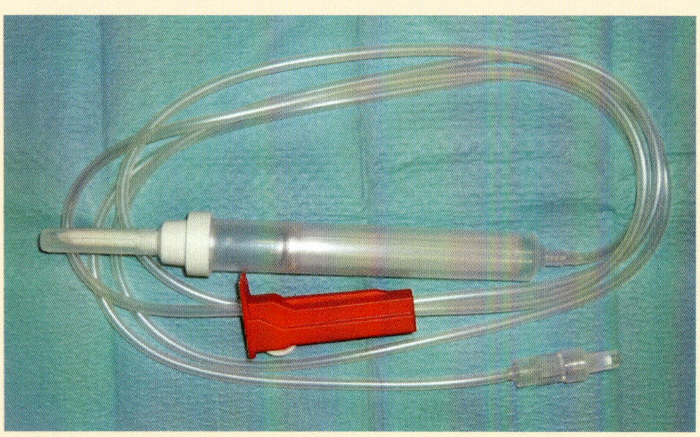

Abb. 3.36: Die Applikation von Blutprodukten muss über einen Filter stattfinden. Kommerzielle Infusionsbestecke mit integriertem Filter oder pädiatrische Filter als Zwischenstück sind auf dem humanmedizinischen Markt zu finden (z. B. Baxter, Zentral Medizintechnik).

Nach der Stabilisation des intravaskulären Volumens richtet sich die weitere Infusionstherapie nach den Bedürfnissen des Patienten. Dehydrierte Patienten mit trockenen Schleimhäuten oder reduziertem Hautturgor werden gemäß der Formel

$$\text{Defizit in ml} = \text{\% Dehydratation} \times \text{kg KM} \times 10$$

mit einer isotonen kristalloiden Infusionslösung wie Ringer-Laktat über sechs bis zwölf Stunden rehydriert. Zusätzlich werden die meisten Traumapatienten 2–4 ml/kg/h Ringer-Laktat als Erhaltungsdosis brauchen.

Transfusionen

Die Sauerstoffversorgung des Gewebes hängt nicht nur von der Perfusion und vom arteriellen Sauerstoffgehalt ab, sondern auch vom Hämoglobin, welches den Hauptteil der Sauerstofftransportkapazität des Blutes ausmacht. Bei massiven Blutungen sind Bluttransfusionen zur Aufrechterhaltung der Sauerstofftransportkapazität erforderlich. Bei akuter Blutung mit einem Hämatokrit unter 20 % sollte Hämoglobin in Form von frischem Vollblut oder Erythrozytenkonzentrat substituiert werden (Abb. 3.35). Mit Vollblut werden 2 ml Blut/kg KM benötigt, um den Hämatokrit um 1 % zu erhöhen, mit Erythrozytenkonzentrat sind es 1–1,5 ml/kg/% Hkt. Das Ziel der Transfusionstherapie ist ein Hämatokrit von 20–30 %.

Vor der Gabe von Blutprodukten sollte, wenn zeitlich möglich, ein Kreuztest durchgeführt werden, bei Katzen ist zumindest die Bestimmung der Blutgruppe obligatorisch. Die Applikation erfolgt immer über einen Blutfilter (Abb. 3.36) und so schnell wie klinisch indiziert (Bolus über 15 Minuten bis maximal vier Stunden). Bei kleinen Mengen empfiehlt sich die Gabe mittels Spritzenpumpe und pädiatrischem Blutfilter (Abb. 3.37).

Im Falle von Gerinnungsstörungen – sei es durch ein primäres Problem (massive Blutung), Komplikationen (Entzündung, Sepsis) oder Verdünnung (massive Infusionstherapie) – ist Plasma in einer Dosierung von 8–15 ml/kg über maximal sechs Stunden indiziert.

Eine Autotransfusion von thorakalem oder abdominalem Blut kann bei massiven inneren Blutungen und/oder Mangel an Blutprodukten lebensrettend sein. Vorteile einer Autotransfusion sind ausreichende Mengen an autologem Blut und kleinere oder fehlende Risiken von Transfusionsreaktionen und übertragbaren Infektionskrankheiten. Das autotransfundierte Blut muss allerdings steril gewonnen werden und jegliche Kontamination sollte ausgeschlossen worden sein. Nachteile sind die Induktion von disseminierter intravasaler Gerinnung, Thromboembolien durch abgestorbene Erythrozyten, bakterielle Kontamination, Verteilung von neoplastischen Zellen und Hämolyse. Die Gewinnung des Eigenblutes erfolgt nach Punktion der mit Blut gefüllten Körperhöhle am besten in einen kommerziellen Blutspendebeutel, kann aber unter Zugabe von Antikoagulans (Natrium-Citrat 3,8 % im Verhältnis 1:9 oder Heparin 625 Einheiten/50 ml Vollblut) auch in einen leeren sterilen NaCl-Beutel erfolgen (Abb. 3.38). Die Reinfusion erfolgt wiederum über einen Filter (s.o.).

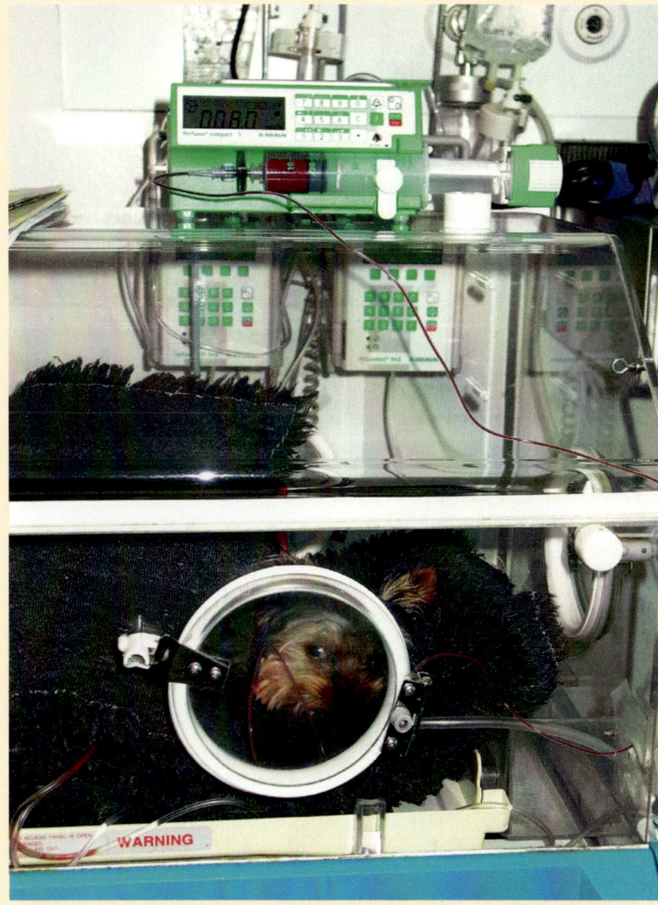

Abb. 3.37: Bei kleinen Patienten erfolgt die Applikation von Blutprodukten am einfachsten mittels Spritzenpumpe und speziellem pädiatrischem Filter zwischen Spritze und Infusionsleitung.

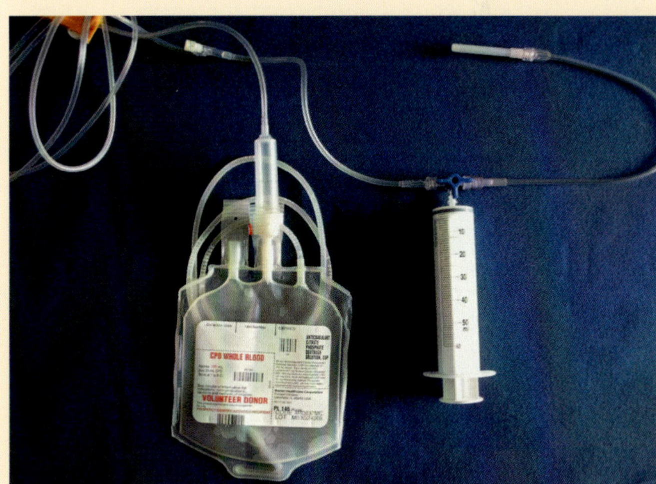

Abb. 3.38: Die Blutentnahme für eine Autotransfusion von Blut aus dem Thorax oder Abdomen erfolgt über ein geschlossenes System: Das Blut wird mit einer Spritze über einen Dreiwegehahn mit Verlängerung und Kanüle aspiriert und via Infusionsbesteck in einen sterilen Beutel mit Antikoagulans (im Bild ein kommerzieller Transfusionsbeutel für Kleintiere) transferiert.

4 Evaluation und Stabilisation des ZNS

Nadja Sigrist • Franck Forterre

Flowcharts zu diesem Kapitel siehe Seite 117/118

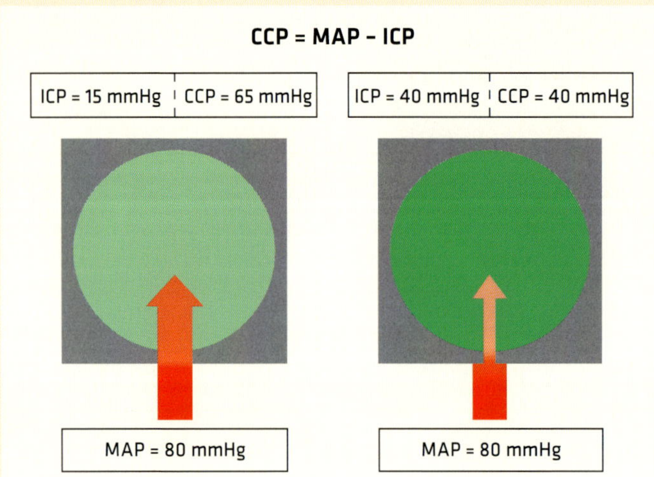

Abb. 4.1: Einfluss des intrakraniellen Druckes auf die Hirndurchblutung. Bei gleichbleibendem mittlerem arteriellen Blutdruck (MAP) und Anstieg des intrakraniellen Druckes (ICP) sinkt der Perfusionsdruck im Gehirn (CPP) aufgrund der nicht dehnbaren knöchernen Schädelknochen massiv. Eine normale Durchblutung des Gehirns kann nur durch eine Erhöhung des Blutdruckes oder eine Senkung des intrakraniellen Druckes gewährleistet werden.

Eine vereinfachte neurologische Untersuchung ist das primäre diagnostische Hilfsmittel zur Evaluation des ZNS. Sie sollte durchgeführt werden, ehe das Tier bewegt oder manipuliert wird. Anhand der neurologischen Untersuchung wird zwischen zentralen (Gehirn bzw. Rückenmark) und peripheren Läsionen (Kopf- bzw. periphere Nerven) unterschieden. Zentrale Läsionen müssen wegen der Beeinträchtigung von Atmung und Kreislauf und u. U. fraglicher Prognose prioritär erkannt werden.

4.1 Schädel-Hirn-Trauma

Das Schädel-Hirn-Trauma kann beim Kleintier durch einen Autounfall, einen Sturz aus großer Höhe oder bei Verletzungen durch andere Tiere oder Menschen entstehen. Die Mortalität bei massivem Schädel-Hirn-Trauma ist sowohl in der Human- als auch in der Veterinärmedizin hoch.

Eine Traumatisierung des Gehirns führt zu primären und sekundären Gehirnläsionen. Primäre Gehirnläsionen werden durch die direkte Verletzung von intrakraniellen Strukturen zum Zeitpunkt des initialen Traumas verursacht. Patienten mit Schädel-Hirn-Trauma zeigen in den meisten Fällen auch begleitende Verletzungen, insbesondere des Thorax, aber auch Kieferfrakturen und Weichteiltraumata.

Nach der initialen primären Schädigung, die therapeutisch nicht beeinflussbar ist, kommt es anschließend innerhalb von Minuten bis Tagen zu sekundären Prozessen. Die sekundären Läsionen beginnen in den bereits traumatisierten Geweben und breiten sich in die anderen Anteile des Gehirns aus. Ursachen der sekundären Läsionen sind eine Verminderung der Sauerstoffzufuhr (Hypoxämie und Hypotension), Veränderungen der Blutkonzentrationen von Elektrolyten und Glukose sowie intrakranielle Prozesse wie Durchblutungsstörungen, ATP-Mangel, Glutamatfreisetzung und entzündliche Reaktionen.

Das Gehirn hat einen sehr hohen Sauerstoff- und Energiebedarf und nur äußerst geringe Speicherkapazitäten für Glukose und Sauerstoff, weshalb eine ausreichende zerebrale Durchblutung lebenswichtig ist. Hypovolämischer Schock, Anämie und respiratorische Dysfunktionen, wie zum Beispiel Lungenkontusionen oder Pneumo- beziehungsweise Hämothorax, sind häufige Veränderungen beim Polytraumapatienten, die zu einer Verminderung der zerebralen Sauerstoffversorgung führen können.

Die zerebrale Durchblutung ergibt sich aus dem Quotienten des zerebralen Perfusionsdruckes (CPP) und des zerebrovaskulären Widerstandes. Im gesunden Gehirn ist der zerebrale Perfusionsdruck engmaschig kontrolliert, um die Sauerstoff- und Energieversorgung zu den Nervenzellen aufrechtzuerhalten: Durch die sogenannte Autoregulation wird der CPP durch Veränderung des zerbralen vaskulären Widerstandes trotz Veränderungen des arteriellen Blutdruckes konstant bei circa 70 mmHg gehalten. Bei einem mittleren arteriellen Blutdruck zwischen 50 und 150 mmHg kommt es zur effektiven Autoregulation, bei Drücken ober- oder unterhalb dieses Bereichs ist der CPP direkt proportional zum mittleren Blutdruck. Bei Schädel-Hirn-Traumata kann es lokal oder fokal zu einer Aufhebung der Autoregulation kommen, was dann ebenfalls zu einer direkten Abhängigkeit des zerebralen Blutdruckes vom mittleren arteriellen Blutdruck (MAP) führt:

$$CPP = MAP - ICP$$

Der intrakranielle Druck (ICP) wird durch den Schädel und dessen Inhalt (Gehirnparenchym, Liquor, Blutvolumen) aufgebaut. Der normale ICP bei Hund und Katze beträgt 5–10 mmHg. Der ICP kann durch Volumenerhöhungen von Gehirnmasse, Liquor und Blutvolumen ansteigen. Eine Erhöhung des ICP führt zu einer Verminderung des zerebralen Blutflusses und des CPP und damit zu einer verminderten Versorgung der Gehirnzellen mit Sauerstoff und Glukose (Abb. 4.1). Sämtliche sekundären Veränderungen führen zu Zellschwellung, -nekrose und intrakranieller Hypertension. Die Folgen sind Störungen im Bewusstsein, der Atem- und der Kreislauffunktion und können durch Herniation zum Tod des Patienten führen.

4.1.1 Klinik

Klinisch können Patienten mit Schädel-Hirn-Trauma offensichtliche, äußerlich sichtbare Verletzungen des Schädels oder indirekte Zeichen wie Nasenbluten, Einblutungen ins Mittelohr oder die Augenkammern zeigen (Abb. 4.2). Die intrakraniellen Veränderungen sind nur indirekt über die Evaluierung von Bewusstsein, Kopfnerven und Motorik beurteilbar. Anisokorie oder verminderte Kopfnervenausfälle sind Kardinalsymptome für ein intrakranielles Problem (Abb. 4.3). Aufgrund des dynamischen Prozesses sind vor allem eine regelmäßige Evaluation und die Entwicklung der Symptome maßgebend.

Abb. 4.2: Katze mit äußerlich sichtbarem Schädel-Hirn-Trauma. Ein Trauma des Hirnparenchyms kann aufgrund von Kopfverletzungen vermutet werden, zusätzliche neurologische Ausfälle wie z. B. Opisthotonus sind aber spezifischere Zeichen eines Hirntraumas.

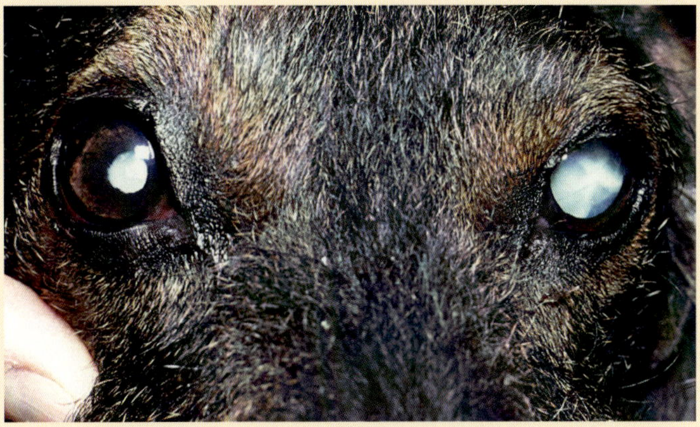

Abb. 4.3: Anisokorie (ungleiche Pupillengröße) ist Zeichen eines intrakraniellen Problems. Die Läsion ist dabei lateralisiert.

Tab. 4.1: Modifizierte Glasgow-Koma-Skala (nach: Sigrist N (2010): Stabilisation des Notfallpatienten)

Bewusstsein	Kopfnerven (Pupillar- und okulozephale Reflexe [OCR])	Motorik	Punkte
responsiv	normal	normaler Gang, normale spinale Reflexe	6
responsiv aber verwirrt	reduziert aber vorhanden	Hemiparese, Tetraparese	5
semikomatös, reagiert auf visuelle Stimuli	bilaterale nichtresponsive Miose mit vorhandenen OCR	Seitenlage, intermittierende Extensorenrigidität	4
semikomatös, reagiert auf Geräusche	*pinpoint*-Pupillen mit herabgesetzten oder fehlenden OCR	Seitenlage, konstante Extensorenrigidität	3
Stupor, reagiert auf Schmerz	unilaterale nichtresponsive Mydriasis mit herabgesetzten oder fehlenden OCR	Seitenlage, konstante Extensorenrigidität mit Opisthotonus	2
komatös, reagiert nicht	bilaterale nichtresponsive Mydriasis mit herabgesetzten oder fehlenden OCR	Seitenlage, Muskelhypotonie, verminderte oder fehlende spinale Reflexe	1
Die Summe der Punkte der Untersuchungen von Bewusstsein, Hirnstammsymptomatik und Motorik ergibt den ***G****lasgow* ***C****oma* ***S****core* (GCS)			

Anhand der für die Tiermedizin adaptierten *Glasgow Coma Scale* kann nicht nur die Prognose, sondern vor allem auch der Verlauf des Schädel-Hirn-Traumas beurteilt werden (Tab. 4.1). Beurteilt werden das Bewusstsein, der Pupillarreflex und die Pupillenbewegungen sowie die Motorik. Je niedriger die Punktzahl, desto größer die zentralnervösen Ausfälle und desto vorsichtiger die Prognose. Die klinischen Symptome können sich jedoch innerhalb von Stunden sowohl massiv verbessern als auch verschlechtern, weshalb vor allem der Verlauf wichtig ist. Hinweise für ein Hirnödem sind eine Verschlechterung des Punktewertes anhand der Komaskala, miotische oder dilatierte nichtresponsive Pupillen sowie Koma. In diesen Fällen sind spezifische Notfallmaßnahmen indiziert.

4.1.2 Differenzialdiagnosen

Beim primären Trauma können intrakranielle Blutungen, direkte neuronale und axonale Kontusionen und Lazerationen sowie Schädelfrakturen auftreten. Differenzialdiagnosen zu Schädel-Hirn-Traumata beim bewusstseinsgestörten neurologischen Traumapatienten sind Wirbelfrakturen, -luxationen und traumatische Diskusvorfälle sowie seltener metabolische Ursachen wie Hypoglykämie oder Hypoxie.

4.1.3 Diagnostik

Die Diagnose eines Schädel-Hirn-Traumas beim veterinärmedizinischen Patienten beruht vor allem auf der klinischen Untersuchung.

In der Humanmedizin ist die Computertomographie (CT) die Untersuchungsmethode der Wahl nach Schädel-Hirn-Verletzungen: In der Frühphase nach dem Trauma gilt das CT als beste Methode, um Hirnblutungen, -prellungen, Schädelfrakturen und penetrierende Fragmente zu identifizieren. Die Magnetresonanztomographie (MRT) ist besser geeignet, um ein Hirnödem sowie den Hirnstamm darzustellen, wird aber in der Regel nur durchgeführt, wenn im CT keine die Klinik erklärenden Befunde erhoben werden können. Radiologische Untersuchungen sind vor allem zur Identifikation von Schädelfrakturen geeignet (Abb. 4.4).

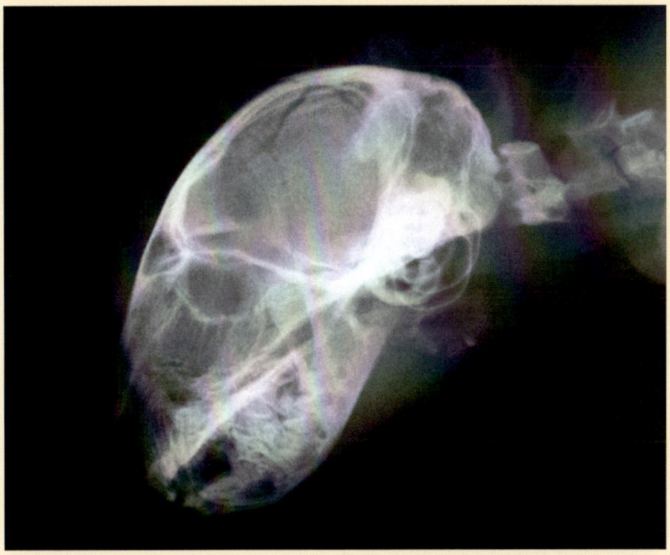

Abb. 4.4: Laterale Röntgenaufnahme des Schädels einer Katze mit Impressionsfraktur. Röntgenuntersuchungen dienen der Identifikation von knöchernen Veränderungen wie Fraktursplittern, die eine chirurgische Intervention erfordern.

Der intrakranielle Druck kann mittels einer Messsonde im Ventrikelsystem, direkt im Hirnparenchym, epidural, subdural oder lumbal bestimmt werden, diese Methoden werden aber in der Veterinärmedizin nur beschränkt eingesetzt.

4.1.4 Stabilisation und Therapie

Die Notfallstabilisation von Patienten mit Schädel-Hirn-Trauma fokussiert sich auf die Stabilisation von Atmung und Perfusion, gefolgt von Maßnahmen zur intrakraniellen Stabilisierung. Die Reduktion von sekundären Schäden wie Hirnödem und/oder Zellnekrose – welche durch Hypotension, Hypoxie, Hyperkapnie, Hyperthermie und Entzündungsmediatoren begünstigt werden – steht dabei im Vordergrund. Die wichtigsten Stabilisierungsmaßnahmen sind:

- Ausreichende Oxygenierung und Ventilation;
- Aufrechterhaltung des intrakraniellen Blutflusses durch adäquate Infusionstherapie, bei Bedarf Senkung des intrakraniellen Druckes;
- Verminderung des zerebralen Metabolismus, Kontrolle von Krampfanfällen.

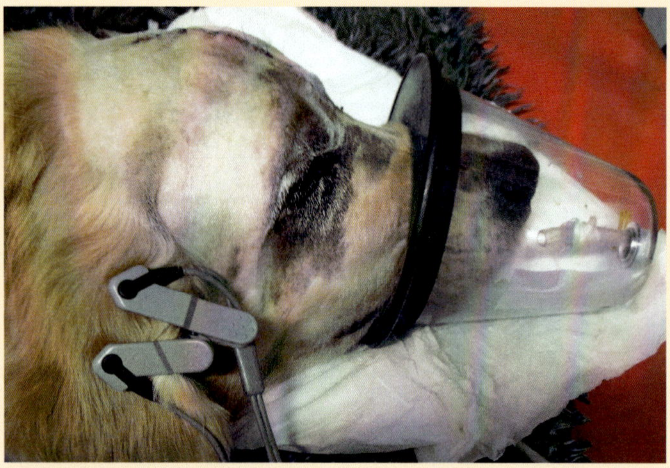

Abb. 4.5: Die Sauerstoffmaske eignet sich beim ruhigen Patienten mit Schädel-Hirn-Trauma sehr gut für die Sauerstoffsupplementierung. Bei der Verwendung einer geschlossenen Maske muss der Sauerstofffluss hoch genug gewählt werden (2–4 l/min), um das Zurückatmen von CO_2 zu verhindern. Nasale Sonden sind kontraindiziert.

Sauerstoffversorgung und Ventilation

Verminderte Sauerstoffzufuhr ist die Hauptursache für sekundäre Gehirnläsionen. Die Hypoxie führt zu weiteren Zellschäden sowie zu Vasokonstriktion und vermindertem zerebralen Blutfluss und muss daher unter allen Umständen vermieden werden. Patienten mit Schädel-Hirn-Trauma sollten deshalb bis zum Nachweis einer genügenden Oxygenierung mittels SpO_2-Messung oder Blutgasanalyse mit Sauerstoff supplementiert werden. Zum Einsatz kommen Masken, Sauerstoffkragen sowie der Sauerstoffkäfig (Abb. 4.5). Komatöse Patienten müssen intubiert und beatmet werden. Nasale Sonden sind beim Schädel-Hirn-Trauma kontrainzidiert, da sie Niesen auslösen, was den intrakraniellen Druck empfindlich erhöhen kann.

Die Hirndurchblutung ist auch vom Vasotonus der Hirngefäße abhängig. Hyperkapnie aufgrund von Hypoventilation oder Krampfanfällen führt zu einer Vasodilatation und erhöhtem intrakraniellem Druck und sollte aus diesem Grund überwacht und allenfalls mittels Ventilationstherapie korrigiert werden. Ziel ist ein normaler arterieller CO_2-Partialdruck von 30–35 mmHg. Hyperventilation wird nicht mehr empfohlen, da Hypokapnie ebenfalls den Blutfluss negativ beeinflusst.

Aufrechterhaltung des zerebralen Blutflusses

Da die intrakranielle Blutversorgung bei Schädel-Hirn-Traumata direkt abhängig ist vom mittleren arteriellen Blutdruck und vom intrakraniellen Druck (CPP = MAP–ICP), ist das Ziel der Flüssigkeitstherapie die Aufrechterhaltung eines zerebralen Perfusionsdruckes von mindestens 50 und maximal 70 mmHg. Je nach intrakraniellem Druck bedingt das bei beschädigter Autoregulation einen mittleren arteriellen Blutdruck von mindestens 70–80 mmHg. Die Blutdruckoptimierung erfolgt primär durch die Applikation von Infusionslösungen, die im intravaskulären Raum verbleiben. Sämtliche Infusionslösungen können bei beschädigter Blut-Hirn-Schranke durch Austritt aus dem Gefäßsystem ein Hirnödem verursachen. Allerdings ist die Blut-Hirn-Schranke in der Regel nur regional vollständig zerstört und die Vorteile einer aggressiven Infusionstherapie überwiegen eine potenzielle lokale Erhöhung des intrakraniellen Druckes.

Die Kombination von kolloidalen (5–10 ml/kg KM) mit isotonen kristalloiden Infusionslösungen (10–20 ml/kg KM) hat sich bewährt. Die Gabe erfolgt als intravenöser Bolus über 10–20 Minuten bis zum Erreichen normaler Perfusionsparameter und des gewünschten mittleren Blutdrucks von 70–80 mmHg.

Hypertone NaCl-Lösung (3–8 %) in einer Dosierung von 3–5 ml/kg KM wird in der Humanmedizin als Infusionslösung der Wahl beim Schädel-Hirn-Trauma diskutiert (Abb. 4.6). Hypertone NaCl-Lösung führt aufgrund der hohen Osmolarität zu einer Wasserverschiebung aus dem Interstitium und intrazellulären Raum in den intravaskulären Raum, was einerseits zu einer Erhöhung des Blutvolumens und Blutdruckes und andererseits zur Verminderung eines etwaigen Hirnödems führt. Durch Kombination mit Kolloiden (Dextran oder HAES) kann der Effekt verlängert werden. Hypertone NaCl-Lösung führt zusätzlich zu einer Verbesserung der Sauerstoffversorgung des Gewebes durch Verminderung der Zellschwellung, arterielle Vasodilatation und Verminderung von Entzündungsreaktionen. Daher ist sie vor allem beim hypovolämischen Traumapatienten mit Hinweisen für ein Hirnödem eine sinnvolle Infusionslösung. Kontraindikationen für die Applikation von hypertoner NaCl-Lösung sind Hypervolämie, Lungenödem, Hypernatriämie und länger andauernde Hyponatriämie.

Nach der Stabilisierung des Blutdruckes und der intrakraniellen Perfusion richtet sich die weitere Infusionstherapie nach den Bedürfnissen des einzelnen Patienten (s. Kap. 3.2.4).

Senkung des intrakraniellen Druckes

Eine Erhöhung des intrakraniellen Druckes ist mit einer erhöhten Mortalität verbunden, weshalb die Senkung respektive Normalisierung des ICP sehr wichtig ist. Eine Senkung des intrakraniellen Druckes kann durch medikamentelle Therapie, Liquorpunktion (Gefahr der Herniation!) oder chirurgisch erfolgen. Medikamentell kommen Mannitol- oder hypertone NaCl-Infusionen in Frage.

Mannitol ist ein inerter Zucker mit osmotischer Wirkung, der nicht metabolisiert, sondern renal frei filtriert und unverändert ausgeschieden wird (Abb. 4.7). Er erhöht die Serumosmolarität und zieht Wasser aus dem zerebralen Interstitium. Mannitol vermindert dadurch nicht nur den intrakraniellen Druck, sondern erhöht aufgrund der Hyperosmolarität auch den Blutdruck, was gemeinsam zu einer Verbesserung der zerebralen Durchblutung führt. Die Dosierung beträgt 0,25–1 g/kg KM, appliziert als langsamer i. v.-Bolus über 10–20 Minuten. Aufgrund der renalen Ausscheidung ist der blutdruckerhöhende Effekt von Mannitol nur kurz anhaltend und es ist wichtig, dass die Flüssigkeitsverluste infolge der einsetzenden Diurese adäquat ersetzt werden, um eine Hypotension und erneute Verminderung des CPP zu verhindern. Die potenziellen Probleme einer Mannitolextravasation bei verletzter Blut-Hirn-Schranke werden im Vergleich mit dem positiven Effekt als unbedeutend interpretiert. Aufgrund der diuretischen Wirkung und poten-

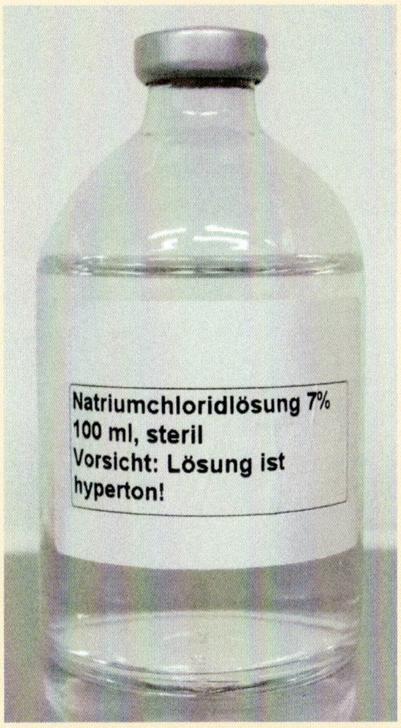

Abb. 4.6: NaCl 7–8 % ist eine hypertone kristalloide Flüssigkeit, welche die intravaskuläre Osmolarität massiv erhöht und zu einer Verschiebung von Wasser aus dem interstitiellen und intrazellulären Raum in das Gefäßsystem führt. Dadurch werden nicht nur das Blutvolumen und der Blutdruck erhöht, sondern auch der intrakranielle Druck gesenkt.

Abb. 4.7: Mannitol führt aufgrund des osmotischen Effektes zu einer Verminderung des intrakraniellen Druckes sowie zu einer kurzzeitigen Erhöhung des Blutvolumens und wird bei Vorliegen eines Hirnödems eingesetzt.

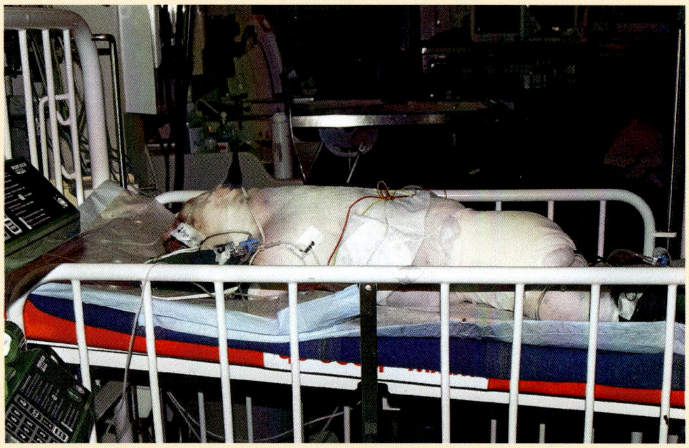

Abb. 4.8: Lagerung des Patienten mit Schädel-Hirn-Trauma. Um eine genügende Durchblutung des Gehirns und ein ungehemmtes Abfließen des Blutes aus dem Kopfbereich sicherzustellen, sollte bei Patienten mit Schädel-Hirn-Trauma eine Oberkörperhochlagerung (15–30°) erfolgen.

ziellen Nebenwirkungen wie Nierenversagen und Störung der Integrität der Blut-Hirn-Schranke sollte Mannitol trotzdem nur bei Nachweis oder hochgradigem Verdacht eines Hirnödems verabreicht werden. Wird ein positiver Effekt nach Mannitolapplikation gesehen, kann die Gabe bei Bedarf alle sechs bis acht Stunden wiederholt werden.

Hypertone NaCl-Lösung (3–8 %) kann ebenfalls zur Senkung des intrakraniellen Druckes verwendet werden und ist teilweise auch effektiv bei Patienten, bei denen die drucksenkende Wirkung von Mannitol nicht eintritt.

Andere Stabilisierungs- und Therapiemaßnahmen

Eine übermäßige Erhöhung des zerebralen Blutflusses mit nachfolgend erhöhtem intrakraniellem Druck und Sauerstoffverbrauch wird auch bei erhöhtem zellulärem Metabolismus aufgrund von Hyperthermie, Hypertension, Schmerzen, Aufregung und Krämpfen gesehen. Patienten sollten deshalb ruhig gehalten, unter Umständen sediert, analgetisch versorgt und bei Bedarf gekühlt werden. Als Analgesie eignen sich Butorphanol (0,1–0,2 mg/kg/h i. v.), Buprenorphin (0,01 mg/kg i. v.) oder Fentanyl (3–5 µg/kg/h i. v.), zur Sedation kann Butorphanol (0,1–0,2 mg/kg i. m. oder i. v.), Diazepam (0,2 mg/kg i. v.) oder Midazolam (0,1–0,2 mg/kg i. m. oder i. v.) verwendet werden.

Auch Krämpfe können als Folgeschäden eines Schädel-Hirn-Traumas auftreten und sind mit Benzodiazepinen (0,5–1 mg/kg i. v.) und Phenobarbital (10 mg/kg i. v. gefolgt von 5 mg/kg alle 20–30 Minuten bis zum Ende der Krämpfe oder einer Maximaldosis von 24 mg/kg) vordringlich zu behandeln.

Die **Normalisierung der Körpertemperatur** und speziell das Verhindern einer Hyperthermie ist ebenfalls sehr wichtig. Hyperthermie erhöht den Hirnstoffwechsel und somit auch den Substratbedarf (Sauerstoff, Glucose, ATP) und kann zu sekundären Zellschädigungen führen. Das Ziel ist eine normale bis leicht erniedrigte innere Körpertemperatur von 36,5–37,5 °C.

Die **Lagerung des Patienten** hat einen erheblichen Einfluss auf den intrakraniellen Druck sowie den zerebralen Perfusionsdruck. Um einen ungehinderten zerebrovaskulären Abfluss zu gewährleisten, darf die Blutversorgung des Kopfes nicht behindert werden. Idealerweise wird der Oberkörper um 15° bis maximal 30° hochgelagert und Manipulationen am Hals – speziell an den Jugularvenen – sind zu vermeiden (Abb. 4.8).

Steroide sind beim Schädel-Hirn-Trauma kontraindiziert, da neuere Studien aus der Humanmedizin eine erhöhte Mortalität unter Steroideinfluss gezeigt haben.

Eine chirurgische Behandlung ist nur bei nachgewiesenen kompressiven Läsionen wie eingedrückten Frakturfragmenten oder großen Hämatomen indiziert. Dies bedingt eine exakte Lokalisation der Läsion mittels CT. Eine Rekonstruktion und Stabilisation der Schädelkalotte ist selten erforderlich.

4.2 Wirbelsäulentrauma

Rückenmarksverletzungen können klinisch und pathogenetisch mit Gehirnverletzungen verglichen werden. Man spricht von Commotio (vorübergehende Funktionsstörung), Contusio (Rückenmarksquetschung mit Substanzschädigung) oder Compressio spinalis (Rückenmarkskompression mit Ischämie). Ein fundamentaler Unterschied zwischen Rückenmark und Gehirn liegt darin, dass im Großhirn Kontusionsherde klinisch stumm bleiben können, vorausgesetzt, dass sie verhältnismäßig klein und im Bereich einer sogenannten stummen Zone lokalisiert sind. Im Rückenmark dagegen befinden sich eng nebeneinanderliegend wichtige auf- und absteigende Bahnen und neuronale Zentren, welche auch bei kleinen Kontusionsherden oder Mikroblutungen schwer betroffen sein können.

Eine traumatische Rückenmarksverletzung erfolgt in zwei Phasen: Durch die ursprüngliche mechanische Verletzung entsteht ein primärer Schaden; eine Reihe sekundärer Mechanismen führt dann zu einer oft massiven Vergrößerung des Gewebeschadens. Der Primärschaden ist unwiderruflich. Zu den sekundären Schadensprozessen, die wenige Minute nach dem Trauma anfangen und bis zu Wochen andauern können, gehören eine lokale Ischämie, Ödeme, die Bildung freier Radikale, eine unkontrollierte Transmitterfreisetzung, der Zelltod und Entzündungsreaktionen. Schon 30 Minuten nach der primären Schädigung sind – zuerst nur in der grauen, später auch in der weißen Substanz – vaskuläre Veränderungen wahrzunehmen. Diese Veränderungen können zu Blutungen und Thrombosen führen. Am Verletzungsort selbst nimmt die Durchblutung direkt nach der Läsion massiv ab. Die genauen Mechanismen dieser Ischämie sind unklar. Durch das rasche Anschwellen des Rückenmarks im Wirbelkanal wird das Gewebe komprimiert und die Blutzufuhr zusätzlich reduziert. Axone, die nicht direkt durch die mechanische Verletzung zerstört worden sind, können indirekt durch die Ischämie und das Ödem in Mitleidenschaft gezogen werden. Durch die Zerstörung des Myelins bildet sich ein Ödem, welches zur Unterbrechung der Impulsübertragung beitragen kann. In den ersten Tagen nach der Verletzung dominieren starke inflammatorische Prozesse das Geschehen am Läsionsort. Die Bedeutung der inflammatorischen und möglichen immunologischen Vorgänge im verletzten Rückenmark ist noch weitgehend unklar. Zusätzliche Gewebeschädigung, Beiträge zur Narbenbildung, aber auch protektive Effekte sind denkbar. Die chronische Phase (Wochen bis Jahre nach der Verletzung) ist charakterisiert durch die Bildung von mit Flüssigkeit gefüllten Zysten anstelle des zerstörten Gewebes. Die Zysten sind oft mit dem Zentralkanal verbunden und enthalten Liquor. Zu diesem Zeitpunkt findet auch die Waller'sche Degeneration der verletzten Nervenfasern und ihrer Myelinscheide statt.

Der Erholungsmechanismus nach einer Rückenmarksläsion beruht nach tierexperimentellen Befunden vor allem auf einem Rückgang des Ödems und damit der funktionellen Leitungsstörung sowie auf der Plastizität spinaler Zentren und Schaltkreise, die sich an die Signale der verbliebenen absteigenden langen Bahnen und peripheren Afferenzen adaptieren.

4.2.1 Klinik

Wirbelfrakturen werden beim Hund zumeist infolge eines Autounfalls beobachtet. Vor allem bei kleinen Hunden stellen auch Bissverletzungen eine häufige Ursache dar. Da es sich meist um polytraumatisierte Tiere handelt, müssen gegebenfalls zunächst ein Kreislaufschock oder auch begleitende lebensbedrohliche Zustände therapiert werden:

- Schock;
- Lungenverletzungen;
- Diaphragmalhernien;
- Traumatische Kardiomyopathie;
- Verletzungen des Urogenitaltrakts;
- Frakturen;
- Multiple Wirbelverletzungen;
- Läsionen des Plexus brachialis;
- Schädeltrauma.

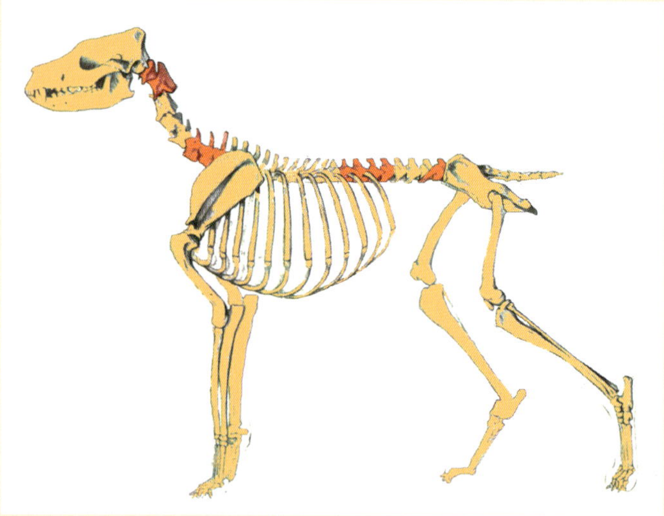

Abb. 4.9: Verletzungen/Traumata finden am häufigsten an den Übergängen zwischen statischen und dynamischen Regionen der Wirbelsäule statt (rot markiert): kraniale und kaudale Halswirbelsäule, thorakolumbaler Übergang sowie kaudale Lendenwirbelsäule.

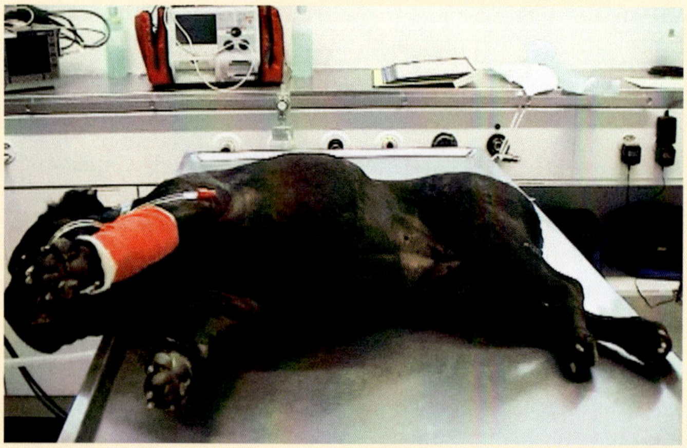

Abb. 4.10: Französische Bulldogge mit Schiff-Sherrington-Symptomatik nach Verkehrsunfall. Die Vordergliedmaßen sind spastisch gestreckt und die Hintergliedmaßen schlaff gelähmt, häufig ohne Tiefenschmerzempfinden.

Je nach Lage der Verletzung des Rückenmarks sind unterschiedliche Folgen zu erwarten: Läsionen im Brust- und Lendenwirbelsäulenbereich führen zu Paraparese/-plegie, Läsionen im Halsbereich zu Tetraparese/-plegie. Wirbelfrakturen/-luxationen treten meist am Übergang von stabilen zu mobileren Wirbelsäulensegmenten auf (Abb. 4.9), so zum Beispiel am Übergang vom Schädel zur Halswirbelsäule, der Brust- zur Lendenwirbelsäule sowie der letzten Lendenwirbel zum Sakrum. Großwüchsige Hunde zeigen eine relativ gleichmäßige Verteilung der Frakturen/Luxationen zwischen Th10 und S3, kleinwüchsige Hunde zusätzlich noch vermehrt im hochzervikalen Bereich (C1–C2).

Im Gegensatz zum Hund, bei dem die Diagnose dank Anamnese und klinischer Untersuchung meist leicht gestellt werden kann, ist es bei der Katze oft schwieriger. Die häufigsten Ursachen für ein Rückenmarkstrauma bei der Katze sind Verkehrsunfälle und Stürze, zu denen aber keine gesicherten Auskünfte vorliegen. Es sind vor allem der thorakolumbale (Th10–L1) und der lumbosakrale Übergang (L5–S3) betroffen.

Sobald das Tier stabilisiert ist, muss eine vollständige neurologische Untersuchung erfolgen. Das Ergebnis dieser Untersuchung ist entscheidend für die Prognose und somit für eine weitere Therapie des Tieres. So ist bei traumatischen Wirbelverletzungen bei Hund und Katze das vollständige Ausbleiben der Motorik (Plegie) mit Verlust der Tiefensensibilität prognostisch als sehr schlecht einzustufen. Das Auftreten des sogenannten Schiff-Sherington-Phänomens deutet auf eine schwerwiegende Beschädigung des Rückenmarks hin (Abb. 4.10). Hierbei kommt es thorakolumbal zu einer Zerstörung zentral verlaufender aufsteigender Interneurone. Deren Aufgabe ist die Hemmung der Vorderextremitäten-Extensoren und ihr Ausfall bewirkt einen Hypertonus mit extremer Streckung der Vordergliedmaßen. Dieses Phänomen wird klinisch beim Hund, nicht jedoch bei der Katze beobachtet. Ein derartiger pathologischer Reflex deutet auf eine schlechte, bei erhaltenem Schmerzempfinden jedoch nicht aussichtslose Prognose hin.

4.2.2 Differenzialdiagnosen

In den Fällen, bei denen keine explizite Traumanamnese vorliegt, können verschiedene Differenzialdiagnosen in Betracht gezogen werden:
- Bandscheibenvorfall;
- Pathologische Fraktur, Neoplasie;
- Dura-Ruptur;
- Ischämische Neuromyopathie (Aortenthrombus);
- Spinale Blutung (Haemorachis);
- Faserknorpelembolie;
- Bilaterale orthopädische Läsionen (Frakturen, Kreuzbandriss, ...).

4.2.3 Diagnostische Aufarbeitung

Die sichere und akkurate radiologische Diagnostik ist essenziell für die Bewertung und die anschließende Behandlung des Wirbelsäulen-Rückenmark-Traumas. Das Ziel der Bildgebung sollte es sein, das Ausmaß der Verletzung der knöchernen, ligamentären und nervalen Strukturen sowie der umgebenden Weichteile zu beurteilen.

Zur Bestätigung der Verdachtsdiagnose reicht meist schon ein latero-laterales Röntgenbild des betroffenen Bereiches (Abb. 4.11). Da die angespannte Muskulatur in einigen Fällen die einzige stabilisierende Komponente der betroffenen Wirbelsegmente darstellt, sollte initial auf eine Sedation/Narkose verzichtet und der Patient nur mit höchster Vorsicht manipuliert werden. Hebelwirkungen an der Wirbelsäule sollte man auf jeden Fall vermeiden. Die konventionelle Röntgendiagnostik repräsentiert trotz des rasanten Fortschritts auf dem Gebiet der Computertomographie und der Magnetresonanztomographie nach wie vor die Basis der bildgebenden Diagnostik. Es sollten Übersichtsaufnahmen der Wirbelsäule erfolgen, um die knöchernen Strukturen bezüglich möglicher Frakturen und ihrer Stellung zueinander beurteilen zu können. Diese initiale Diagnostik erlaubt eine erste Abschätzung der Stabilität der Wirbelsäule.

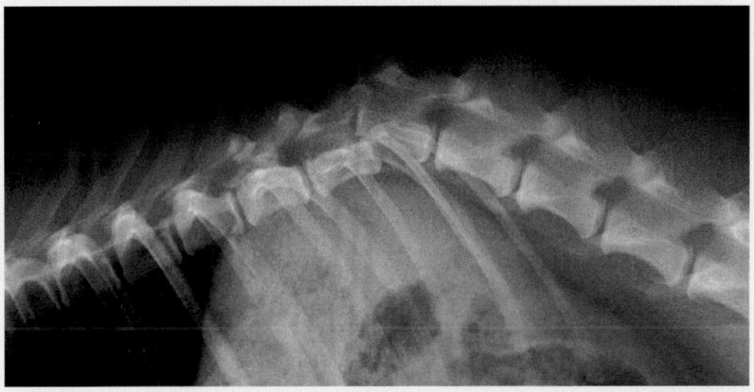

Abb. 4.11: Laterale Röntgenaufnahme der Wirbelsäule eines Mischlings nach einem Verkehrsunfall. Der 13. Thorakalwirbel ist im Intervertebralspalt um die Höhe des Wirbelkörpers nach dorsal luxiert. Das Ausmaß der Dislokation deutet auf eine schwere Schädigung des Rückenmarkes hin. Um die laterale Deviation zu beurteilen, ist eine Darstellung der zweiten Ebene nötig. Da die Patienten so wenig wie möglich und sehr vorsichtig manipuliert werden sollten, empfiehlt es sich für Aufnahmen in zwei Ebenen, die Röntgenröhre zu drehen und eine Aufnahme mit horizontalem Strahlengang anzufertigen.

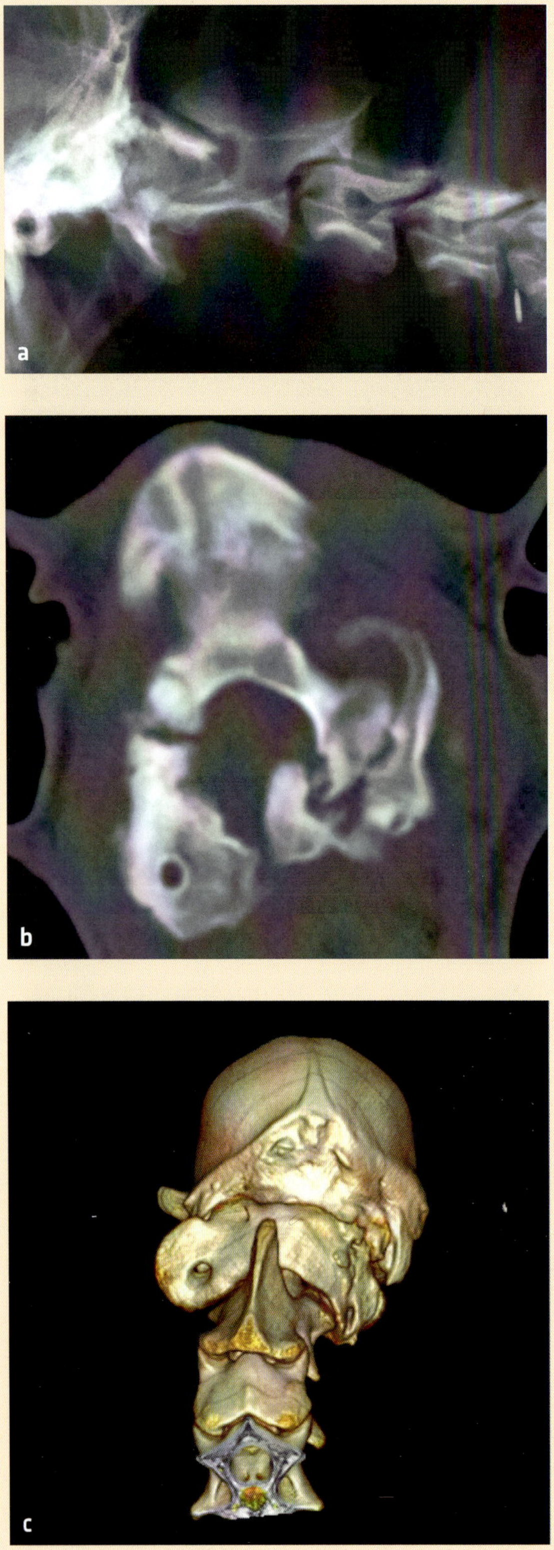

Abb. 4.12: Sechs Monate alter Mischling nach einem Autounfall.
a Laterale Röntgenaufnahme der Halswirbelsäule. Der Atlas (C1) ist frakturiert, sein Dach ist nach dorsal verlagert.
b Transversales CT-Bild im Knochenfenster: Die sagittal verlaufende Fraktur des Atlas und die Verlagerung der Fragmente sind gut zu erkennen.
c 3-D-Rekonstruktionen der CT-Bilder können hilfreich für die Planung der Operation sein.

Im Vergleich zur konventionellen Röntgendiagnostik ist ein wesentlicher Vorteil der Computertomographie beim akuten Wirbelsäulentrauma die überlagerungsfreie Darstellung der knöchernen Strukturen, die Möglichkeit der Weichteilbeurteilung und die Möglichkeit zur sekundären Rekonstruktion der Daten in verschiedenen Raumebenen sowie in drei Dimensionen (Abb. 4.12). Die Sensitivität zur Frakturdiagnostik der CT liegt zwischen 90 und 99 %.

Die Magnetresonanztomographie hat die Bildgebung des akuten Wirbelsäulen-Rückenmark-Traumas um die zusätzliche Beurteilung der Weichteile, vor allem des Rückenmarks und der Bandstrukturen, erweitert. Während in der Vergangenheit spinale Läsionen allein durch die klinische Symptomatik diagnostiziert werden konnten, erlaubt die MRT heute die Differenzierung zwischen einem spinalen Ödem, einer Blutung und einer Durchtrennung des Rückenmarks und kann damit wertvolle Erkenntnisse bezüglich der Prognose eines Patienten liefern (Abb. 4.13). Diese Untersuchung ist jedoch zeitaufwendig und kann sich dadurch beim schwer traumatisierten Patienten nachteilig auswirken.

4.2.4 Stabilisation und Therapie

Stabilisation

Jede abrupte Bewegung muss vermieden werden, da sie zu einer Verschlimmerung der Rückenmarksverletzung führen kann. Der Transport eines nach einem Trauma gelähmten Patienten sollte auf einer gepolsterten steifen Unterlage erfolgen.

Bei Ankunft des Patienten in der Praxis/Klinik ist es erforderlich, sofort Atemfunktion und Kreislaufstatus zu erfassen. Ein venöser Katheter sollte gelegt werden, um eine Infusionstherapie einleiten zu können. Zur Verringerung des anfänglich häufig auftretenden Volumenmangels infolge eines Schocks, und damit zur Sicherstellung des Kreislaufes und der Sauerstoffversorgung der Gewebe, sind Infusionen mit Elektrolytlösungen geeignet. Ein konstanter MAP von ca. 70–80 mmHg in der ersten Phase nach dem Trauma ist bedeutsam, um die Rückenmarksperfusion zu sichern und die Erholung des Gewebes und so den Rückgang der neurologischen Ausfallserscheinungen zu unterstützen.

Zur Vermeidung eines Stressulkus des Magens kann eine entsprechende Prophylaxe mit Antazida oder Histaminblockern durchgeführt werden, um einen Dekubitus zu verhindern, wird der Patient alle drei bis vier Stunden *en bloc* gewendet.

Therapiekonzept

Die Behandlungskonzepte bei Rückenmarksläsionen basieren heutzutage auf zwei wesentlichen Prinzipien: der Verminderung sekundärer zytotoxischer Gewebeschäden und dem Training der verbliebenen Funktionen.

In der Klinik existieren verschiedene Strategien, die nach einer Rückenmarksverletzung auf eine Erholung hinzielen:

- Reduktion sekundärer Schadensprozesse mit Hilfe pharmakologischer Mittel, möglichst bald nach dem Verletzungsgeschehen (Neuroprotektion);
- Förderung der Bildung kompensatorischer Schaltkreise durch rehabilitative Physiotherapie;
- Überbrückung der Verletzungsstelle durch Transplantation von Gewebebrücken, Stammzellen, Schwann-Zellen, olfaktorischen Gliazellen.

Während im Tierexperiment viele Ansätze zur Neuroprotektion untersucht wurden, haben nur wenige die Stufe des klinischen Versuchs erreicht und nur Methylprednisolon wird heute breit angewendet. Tierversuche in den 1980er Jahren zeigten, dass nach einem Rückenmarkstrauma und einer Behandlung mit Methylprednisolon eine Abnahme des ischämischen Gewebeschadens festzustellen war. Spätere Studien an der Ratte zeigten jedoch nur kleine oder keine Effekte oder nach zwölf Wochen eine ausbleibende funktionelle Erholung trotz einer Reduktion des sekundären Schadens. In den klinischen NASCIS-II- und NASCIS-III-Studien (***N**ational **A**cute **S**pinal **C**ord **I**njury **S**tudy*) wurde eine geringe aber signifikante neurologische und funktionelle Erholung beobachtet. Wichtig war, dass die Behandlung innerhalb von acht Stunden nach dem Trauma erfolgte. Die Stellungnahmen der *American Neurosurgery Association* und der *Canadian Neurosurgery Association* besagen, dass die Verabreichung hoher Dosen von Methylprednisolon nach einem akuten Rückenmarkstrauma als Option und nicht als *guideline* betrachtet werden soll.

Eine Steroidtherapie sollte nur in akuten Fällen und nur mit Methylprednisolon succinate erfolgen (30 mg/kg KM i. v., ggf. Wiederholung nach sechs Stunden mit 15 mg/kg KM i. v.).

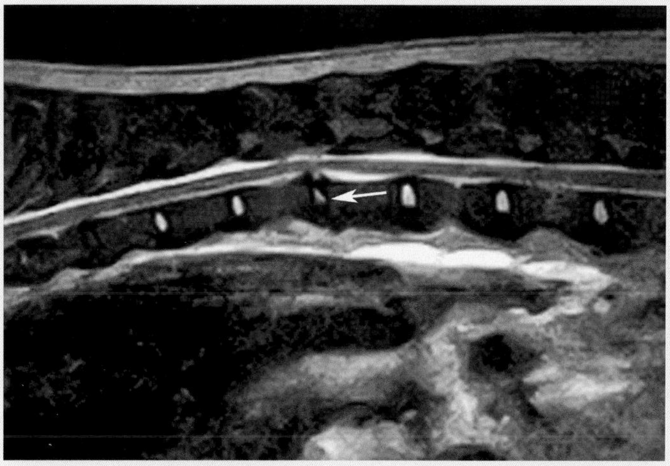

Abb. 4.13: T2-gewichteter Sagittalschnitt der Lendenwirbelsäule eines Hundes. Der Nucleus pulposus aller Bandscheiben ist hyperintens, der Nucleus pulposus des mit einem Pfeil gekennzeichneten Intervertebralspaltes ist triangulär und deutlich kleiner. Dorsal des Intervertebralspaltes ist wenig unregelmäßiges signalarmes Material im Wirbelkanal sichtbar, welches das Rückenmark nicht komprimiert. Die Befunde sprechen für einen explosiven traumatischen Bandscheibenvorfall mit Zerreißung des Anulus fibrosus der ansonsten nicht degenerierten Bandscheibe. Die Signalintensität innerhalb des Rückenmarks scheint unverändert zu sein.

Bei anatomisch inkompletten Rückenmarksläsionen können regenerierende Nervenfasern die Verletzungsstelle umwachsen, indem sie die vorhandenen Gewebebrücken benutzen. Um die Ausgangslage für die wachsenden Nervenfasern zu optimieren, wird an manchen klinischen Zentren versucht, die Verletzungsstelle zu überbrücken. Viele verschiedene Zellen, Gewebe oder künstliche Materialien sind zu diesem Zweck angewendet worden, leider oft nur mit beschränktem Erfolg.

Für die Wiederherstellung motorischer Funktionen sind physiotherapeutische Behandlungsmaßnahmen unerlässlich. Im Frühstadium der Verletzung werden dadurch die verbliebenen motorischen Funktionen gestärkt und die Entwicklung von Spastik und Muskelatrophie verhindert. Insbesondere durch das Laufbandtraining entwickelt sich ein relativ normales Aktivierungsmuster der Beinmuskulatur, das wahrscheinlich auf die Aktivierung spinaler Lokomotionszentren unter Verwendung der intakt gebliebenen absteigenden Bahnen zurückzuführen ist. Diese Resultate deuten darauf hin, dass eine gewisse endogene Plastizität der Schaltkreise und Verbindungen auch im adulten verletzten Rückenmark existiert, die therapeutisch genutzt werden kann. Andererseits führt Passivität der spinalen Schaltkreise nach einer Rückenmarksverletzung zum funktionellen Verlust der noch unbeschädigten Schaltkreise.

Wahl der Therapie

Die Behandlung des Wirbelsäulentraumas richtet sich nach dem Schweregrad der Gesamtverletzung, insbesondere nach begleitenden Thorax- oder Abdominalverletzungen sowie der Stabilität der Wirbelsäule. Im Zentrum der chirurgischen Therapie stehen die sofortige Dekompression neuraler Strukturen, die Frakturreposition und die Stabilisation der Wirbelsäule (vgl. auch Flowchart auf S. 118).

Die Entscheidung, ob eine konservative oder eine chirurgische Therapie durchgeführt werden soll, ist häufig nicht einfach. Der Schweregrad der Symptome (fehlendes Schmerzempfinden) kombiniert mit den radiologischen Befunden (Dislokation >70 %) führt in vielen Fällen aufgrund der aussichtslosen Prognose zur Euthanasie des Patienten ohne Therapieversuch. In den weiteren Fällen bestimmen zwei Schlüsselpunkte das adäquate therapeutische Vorgehen: Stabilität und Kompression. Bei vorliegender Kompression wird ein chirurgischer Eingriff bevorzugt.

Zur Einschätzung der Stabilität kann das sogenannte Zwei-Kompartiment-Modell angewendet werden (Abb. 4.14). Dabei wird die Wirbelsäule in ein dorsales (Wirbelbogen mit kleinen Wirbelgelenken) und ein ventrales Kompartiment (Wirbelkörper mit Bandscheibe und Ligamentum longitudinale dorsale) unterteilt. Eine Fraktur gilt als instabil, wenn beide Kompartimente betroffen sind und sollte dann in jedem Fall chirurgisch versorgt werden. Ist nur das dorsale Kompartiment betroffen, gilt die Fraktur zumeist als stabil und man kann sie – sofern keine Kompression des Rückenmarks durch Wirbelfragmente vorliegt – konservativ therapieren. Wenn nur das ventrale Kompartiment betroffen ist, kann die Entscheidung über die Stabilität der Wirbelfraktur schwierig sein. Bei Beteiligung der Bandscheibe sollte man die Fraktur immer als instabil einstufen, da 80 % der Rotationsstabilität von ihr getragen werden. Liegen das Rückenmark komprimierende Knochenfragmente vor, sollte man sie in jedem Fall chirurgisch entfernen.

Das Verständnis der Frakturstabilität bei Katzen ist unvollständig. Scherkräfte und axiale Belastung wurden bislang experimentell noch nicht getestet. Die meisten Versuchsmodelle haben den Einfluss des Wirbelkörperversagens nicht berücksichtigt. Das relative Mitwirken der vier Hauptkräfte an der Wirbelsäule ist auch unbekannt und individuelle Variationen liegen höchstwahrscheinlich vor. Zum Beispiel tritt eine Dorsoflexion auf, wenn man eine paraplegische Katze hochnimmt oder wenn sie versucht, sich mit den Hinterbeinen abzustützen. Eine Rotation findet statt, wenn die Katze die Seitenlage verlässt. Eine axiale Belastung ist die Folge des paravertebralen Muskelspasmus. Außer bei isolierten Gelenkfacettenverletzungen ist es in den meisten Fällen sehr schwierig, den exakten Stabilitätsgrad einzuschätzen.

Auch die Lokalisation kann die Wahl der Therapie beeinflussen. So ist der Rückenmarkskanal im Verhältnis zum Rückenmark im hochzervikalen Bereich zunächst sehr breit und wird kaudal immer enger. In den kaudalen Anteilen der Lendenwirbelsäule wird er dann wieder weiter und das Rückenmark endet in der Cauda equina. Hochzervikal und lumbosakral haben das Rückenmark bzw. die abgehenden Nerven daher mehr Platz zum Ausweichen, was die oft weniger stark ausgeprägte klinische Symptomatik bei Schädigungen in diesem Bereich erklärt. Frakturen der Brustwirbelsäule werden durch den Rippengürtel stabilisiert, sofern dieser unverletzt ist. Dadurch können diese Frakturen zumeist konservativ behandelt werden. Der thorakolumbale Übergang ist durch die erhöhte Beweglichkeit starken Kräften ausgesetzt, eine Instabilität bedarf eher einer operativen Stabilisierung.

Konservative Therapie

Eine konservative Therapie ist vor allem bei Läsionen der Halswirbelsäule erfolgversprechend. Auch Frakturen im lumbosakralen Bereich sprechen häufig gut auf eine konservative Behandlung an. Kernpunkt der konservativen Therapie ist eine sechs bis acht Wochen dauernde absolute Boxenruhe. Aufgrund der starken Schmerzen sollte eine analgetische Behandlung, auf jeden Fall während der ersten Tage und bei Bedarf für einige Wochen, durchgeführt werden. Die Gabe von Methylprednisolon innerhalb der ersten acht Stunden nach dem Trauma wird kontrovers diskutiert.

Vor allem im Halsbereich hat sich der Einsatz von Schienenverbänden, welche die Halswirbelsäule samt kraniozervikalem und zervikothorakalem Übergang ruhigstellen, bewährt. Die Verbände können anfangs störend wirken, verrutschen oder die Haut irritieren, so dass eine engmaschige initiale Verbandskontrolle bzw. Pflege erforderlich ist (Abb. 4.15). Eine konservative Behandlung beschränkt sich bei Katzen häufig nur auf die Boxenruhe, da äußere Schienen meist nicht geduldet werden.

Falls erforderlich, wird mehrmals pro Tag der Harnabsatz kontrolliert. Der Dauerharnkatheter hat sich hierfür bewährt und sollte dem manuellen Blasenausdrücken möglichst vorgezogen werden. Die Urinableitung erfolgt in einem geschlossenen System. Der Katheter sollte so lange belassen werden, bis die endgültige Form der Blasenentleerung feststeht. Regelmäßige neurologische Kontrolluntersuchungen sind unumgänglich. Kommt es zu einer Verschlechterung der neurologischen Symptomatik, muss eventuell die Therapie geändert und an eine sofortige chirurgische Therapie gedacht werden.

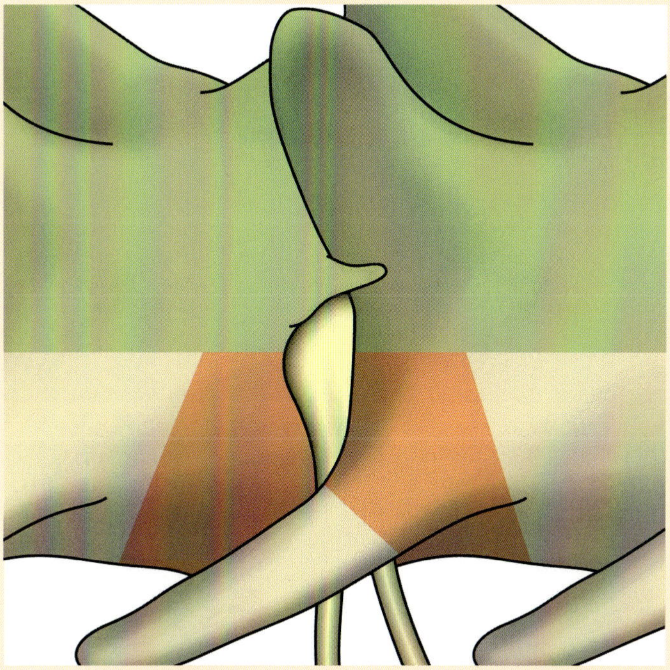

Abb. 4.14: Beurteilung der Stabilität bei Fraktur/Luxationen der Wirbelsäule. Verletzungen der Endplatten/Bandscheibe (roter Bereich) gelten in der Regel als instabil. Wirbelkörperverletzungen ohne Beteiligung der Bandscheibe und des dorsalen Kompartiments sind sehr häufig als stabil einzustufen. Verletzungen des dorsalen Kompartiments (grün gefärbt) gelten als stabil.

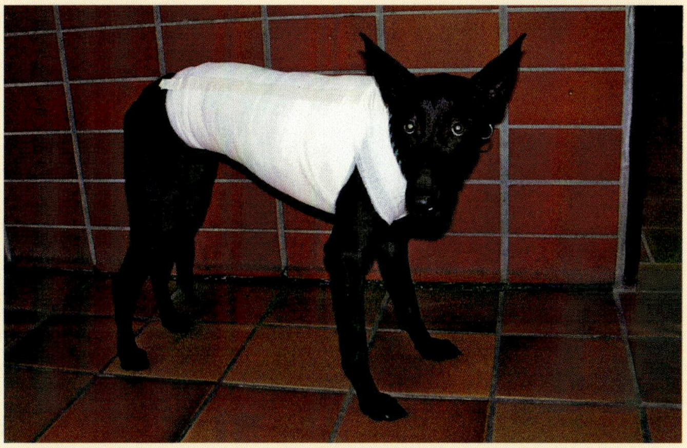

Abb. 4.15: Für die konservative Behandlung einer thorakolumbalen Instabilität beim Hund können Ganzkörperverbände mit Schiene angebracht werden. Dies gilt nicht für Katzen.

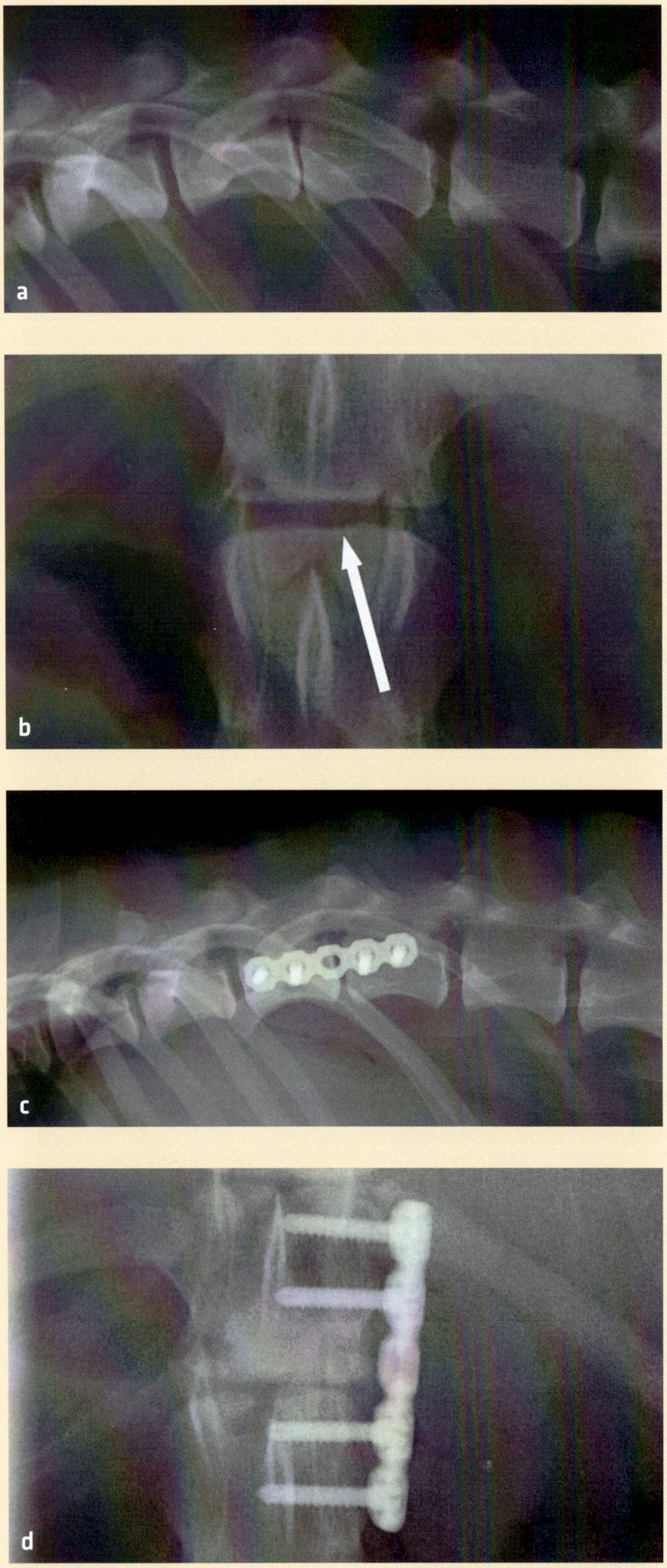

Abb. 4.16: Mischlingshund nach Pferdetritt. Latero-laterale (a) und ventrodorsale (b) Röntgenaufnahme des thorakolumbalen Überganges. Der Intervertebralspalt T13/L1 ist verengt und L1 ist nach ventral subluxiert. Zu beachten ist der Unterschied der Breite des Intervertebralspaltes abhängig von der Lagerung des Hundes. Postoperative Kontrolle (c, d): Eine *locking plate* (5 Löcher, 2,4 mm, Synthes®) wurde links lateral am Wirbelkörper angebracht.

Chirurgische Methoden

Falls eine Dekompression erforderlich ist, können die verschiedenen stabilisierenden chirurgischen Verfahren (*locking plate*, dorsale Bügelung, Plattenosteosynthese, Fixateur externe, ...) mit Entlastungstechniken kombiniert werden (Abb. 4.16). Die Dekompression sollte gezielt und nicht großflächig erfolgen. Die konventionelle Hemilaminektomie und insbesondere die kaudale Laminektomie führen zu einem erheblichen, durch Lösen der dorsalen paraspinalen Muskulatur auch weiter destabilisierenden Weichteilschaden, so dass im thorakolumbalen Bereich ein gewebeschonender lateralisierter Zugang mit Foraminotomie bevorzugt wird. Durch diesen Zugang können anschließend sowohl dorsal als auch ventral stabilisierende Maßnahmen ergriffen werden (Abb. 4.17). Bei Frakturen/Luxationen der Halswirbelsäule wird in der Regel ein ventraler Zugang gewählt, da spezifische dekomprimierende Maßnahmen selten erforderlich sind.

Eine Durotomie bei Patienten mit schweren neurologischen Ausfällen, z. B. Plegie mit oder ohne Tiefensensibilität, hat weder einen therapeutischen noch einen prognostischen Wert und sollte aufgrund der unnötigen Manipulation des lädierten Rückenmarks vermieden werden. Bedenkt man, dass bereits 15 % der Rückenmarksfasern ausreichen, um einen normalen Gang zu ermöglichen, ergibt sich aus der Durotomie, welche nur eine partielle Visualisierung des Rückenmarkes ermöglicht, keine zusätzliche bzw. zuverlässige prognostische Information.

Theoretisch kann bei der Katze jede Form von interner Fixation eingesetzt werden, allerdings wird eine Wirbelverletzung häufig von schweren Rückenmarksschäden begleitet. Die Knochengröße ist der limitierende Faktor bei der Wahl des Implantats. Fixationen mit Kirschnerdrähten, kleinen Platten (UniLOCK oder DCP 2,0 mm) und dorsaler Bügelung sind je nach Fall am geeignetsten (Abb. 4.18). Die meisten internen Fixationsmöglichkeiten, die bis dato getestet wurden, sind jedoch noch fern vom Ideal.

Katzen mit Rückenmarkstrauma, die noch Schmerzempfinden aufweisen, haben in der Regel eine gute Prognose. Unabhängig von der Behandlungsmethode und auch bei unterschiedlichen neurologischen Schädigungsgraden können auch bei plegischen Katzen mit erhaltener Tiefensensibilität die Behandlungsergebnisse positiv ausfallen. Experimentelle Studien haben gezeigt, dass Katzen mit extensiven partiellen Läsionen des Rückenmarkes nach physiotherapeutischer Behandlung wieder eine willkürliche Beinbewegung erreichen können. Obwohl bahnenspezifische Ausfälle nach der Verletzung bestehen bleiben, können intakte absteigende Bahnen die verlorene Funktion kompensieren und ermöglichen es dem spinalen Netzwerk durch die Neuroplastizität der Bewegungskontrollmechanismen, willkürliche Bewegungen durchzuführen. Die Integrität der mittleren Lendenwirbelsäule (Segmente L3–L4 als zentraler Mustergenerator = *central pattern generator*) ist erforderlich, um ein spinales Laufen zu ermöglichen. Viele Katzen entwickeln auch nach schwerer Rückenmarksschädigung wieder eine Motorik in den Hintergliedmaßen und können sich selbstständig bewegen, bleibende Miktionsstörungen werden jedoch insbesondere für die Besitzer von Wohnungskatzen häufig zu einem Problem. Eine medikamentelle Behandlung und/oder die chirurgische Therapie (Sphinktermyotomie) können hilfreich sein, aber in vielen Fällen ist der Behandlungserfolg nur enttäuschend.

Sakrokaudale Verletzungen können konservativ oder operativ behandelt werden. Vergleichende Studien liegen bislang nicht vor. Der Einfluss einer chirurgischen Behandlung auf den Genesungsprozess und die Morbiditätssenkung wird kontrovers diskutiert. Liegt nach drei Wochen noch eine Schwanzlähmung ohne Schmerzempfindung vor, sollte eine Amputation vorgenommen werden. Die Dekompression der sakralen Nervenwurzeln sollte eher als ein diagnostischer denn als ein therapeutischer Eingriff bewertet werden: Liegt bei der Darstellung (dorsale Laminektomie) ein vollständiger Abriss der Nervenfasern vor, ist die Prognose hinsichtlich der Funktion aussichtslos. Liegt keine Neurotmesis vor, kann zusätzlich eine Stabilisation mit Kirschnerdrähten vorgenommen werden.

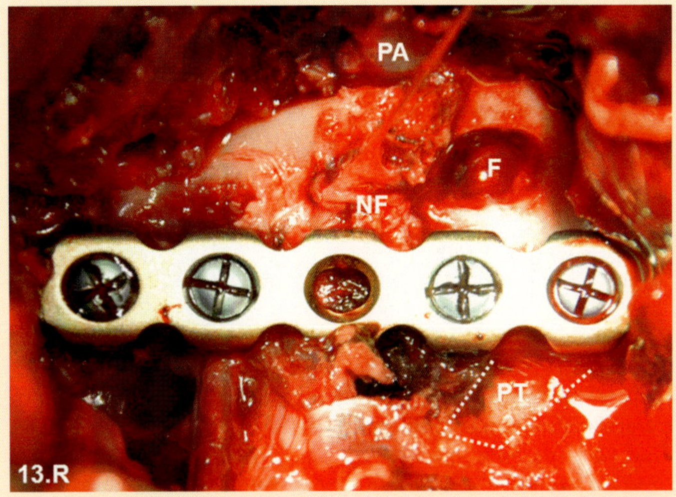

Abb. 4.17: Operationssitus: Nach Foraminotomie (F; NF = Neuroforamen) unter Schonung des Segmentalnerven wurde die Platte kaudal der 13. Rippe (13. R) ventral der Procc. articulares (PA) und dorsal des Proc. transversus (PT) angebracht.

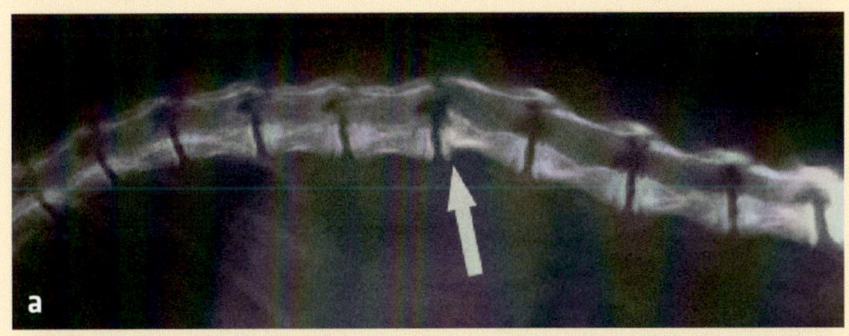

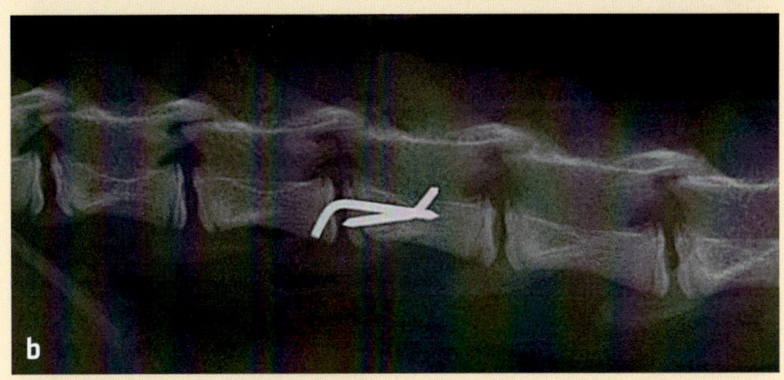

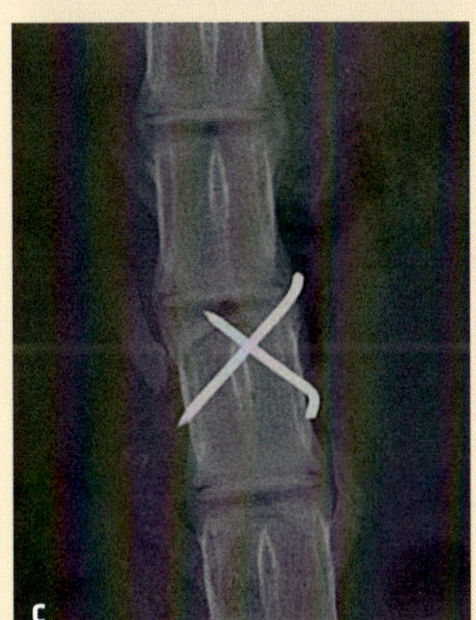

Abb. 4.18: Röntgenaufnahmen einer sechsmonatigen Katze nach einem Sturz. Die Endplatten sind noch nicht fusioniert.
a Präoperative latero-laterale Aufnahme. Traumatische Fraktur der kranialen Endplatte von L4 mit Dislokation des Wirbelkörpers nach dorsal.
b und **c** Latero-laterale (b) und ventro-dorsale (c) Aufnahmen postoperativ nach Fixation durch eine Kreuzspickung mit Kirschnerdrähten.

5 Evaluation und Stabilisation des Abdomens

Nadja Sigrist

Flowchart zu diesem Kapitel siehe Seite 119

Abdominaltraumata können sowohl stumpf als auch perforierend erfolgen, wobei Ersteres häufiger auftritt. Während perforierende Abdominaltraumata in der Regel einfach zu erkennen sind, bedingt die Identifizierung eines stumpfen Abdominaltraumas eine sorgfältige und gründliche Evaluation des Abdomens. Mit Ausnahme des massiven Hämoabdomens sind abdominale Traumata in der Regel nicht lebensbedrohlich. Da ein abdominales Trauma häufig mit einer Perfusionsstörung (Schock) assoziiert ist, ist die Evaluation des Abdomens nach der initialen Kreislaufstabilisation wichtig, um mögliche Ursachen des Schockgeschehens zu eruieren und zu beheben.

In diesem Kapitel wird zwischen stumpfem und perforierendem Abdominaltrauma unterschieden, da bei beiden Formen spezifische Behandlungsmöglichkeiten in Frage kommen. Die beiden Formen abdominaler Traumata können gleichzeitig auftreten, und da ein perforierendes Abdominaltrauma gerade bei langhaarigen Hunden nicht immer auf den ersten Blick erkennbar ist, empfiehlt sich die systematische Evaluation des Abdomens bei allen Traumapatienten.

5.1 Stumpfes Abdominaltrauma

Ein stumpfes Abdominaltrauma muss bei allen Patienten mit einer Traumaanamnese in Betracht gezogen werden. Die Inzidenz abdominaler Verletzungen nach stumpfem Trauma ist beim Tier allerdings nicht bekannt. Ursachen eines stumpfen Abdominaltraumas sind Autounfälle, Stürze und Schläge. Ein oder mehrere intraabdominale Organe können betroffen sein, am häufigsten Milz und Leber aufgrund ihrer Größe und Beschaffenheit, gefolgt von Verletzungen der Harnwege.

Je nach Art der Verletzung und betroffenem Organ präsentiert sich ein abdominales Trauma anders. Die Traumatisierung gut durchbluteter Organe – wie Leber, Milz und Niere – kann wie Verletzungen abdominaler Gefäße zu einem lebensbedrohlichen Hämoabdomen führen, was sich in den klinischen Symptomen eines hypovolämischen Schock äußern kann und eine notfallmäßige Evaluation und Stabilisation erfordert. Hämatome auf diesen Organen werden hingegen aufgrund der fehlenden oder untypischen klinischen Symptome selten diagnostiziert und auch kleine Blutungen verlaufen häufig klinisch unauffällig. Verletzungen von Magen, Darm, Pankreas und Gallengängen führen zu schwerwiegenden Infektionen und Peritonitiden, klinische Symptome sind hier erst nach Stunden bis Tagen zu sehen.

Die Schwierigkeit der Behandlung eines stumpfen abdominalen Traumas besteht primär in der Erkennung von äußerlich nicht sichtbaren Verletzungen und bedingt die systematische Untersuchung des Abdomens bei jedem Traumapatienten.

5.1.1 Klinik

Bei Patienten mit abdominalen Verletzungen sind die Symptome eines akuten Abdomens zu erwarten. Eine unauffällige klinische Untersuchung schließt eine traumatische abdominale Veränderung aber nicht aus. Klinische Zeichen von abdominalen Schmerzen, wie eine aufgezogene und bei Palpation angespannte Bauchdecke, sind die Kardinalsymptome eines traumatischen akuten Abdomens. Eventuell können Organveränderungen, wie Hämatome oder ein Ballottement, palpiert werden, häufig sind die abdominalen Veränderungen aber aufgrund des angespannten Abdomens nicht tastbar. Bei Vorliegen eines traumatischen Hämoabdomens können auch klinische Zeichen von Blutverlust und Schock festgestellt werden (s. Kap. 3.2.1). Je nach Grad der Blutung und der Körperkonfiguration können ein vergrößertes Abdomen und/oder ein Ballottement identifiziert werden. Ein klinisch feststellbares Ballotement bedingt mindestens 40 ml/kg abdominale Flüssigkeit und ist als Zeichen eines massiven Flüssigkeitsverlustes zu deuten. Manchmal kann um den Nabel herum bzw. inguinal eine Rotverfärbung der Haut, verursacht durch das Durchsickern von Blut durch die abdominalen Muskelschichten in die Subkutis, gesehen werden (Abb. 5.1). Quetschungen der Abdominalwand mit Hämatombildung können ebenfalls zur Rötung der abdominalen Haut führen. Beim Vorliegen einer septischen Peritonitis sind die Symptome einer systemischen Entzündung (***s**ystemic **i**nflammatory **r**esponse **s**yndrome*, SIRS), wie Tachykardie und hyperämische Schleimhäute mit kurzer kapillärer Füllungszeit und schwachem Puls, zu erwarten.

Ein Ikterus kann bei Lebertraumata, Gallengangs- respektive Gallenblasenrupturen und Hämoabdomen gesehen werden und ist dann immer Zeichen einer schon länger bestehenden abdominalen Verletzung.

Externe abdominale Hernien sind in der Regel sicht- und tastbar. Sie entstehen aufgrund eines hohen intraabdominalen Druckes bei gleichzeitiger Kontraktion der Abdominalmuskulatur und sind am häufigsten kaudoventral oder parakostal lokalisiert. Mittels vorsichtiger Palpation sollten die vorgefallenen Organe auf Schmerzhaftigkeit und Beweglichkeit untersucht werden. Bei kaudalen Hernien ist speziell die Identifikation der Harnblase wichtig. Vorgefallene Organe sollten vorsichtig zurückverlagert werden, um eine Inkarzeration auszuschließen. Die klassische interne abdominale Hernie nach einem Trauma ist die Zwerchfellhernie mit Vorfall von abdominalen Organen in den Thorax. Hier ist unter Umständen ein „leeres" Abdomen palpierbar.

Die Palpation der Harnblase und die Evaluation der Inguinalregion ist ebenfalls wichtig. Die Blase sollte vorsichtig palpiert und Urin nach Möglichkeit aufgefangen und untersucht werden. Hämaturie ist ein häufiger Befund, der zwar keine große Aussagekraft hat, der Harntrakt sollte aber gründlich untersucht werden (Abb. 5.2). Eine palpierbare Harnblase und/oder scheinbar normaler Harnabsatz schließen eine Harnwegsruptur mit Uroabdomen nicht aus.

Eine Harnröhrenruptur führt zum Austritt von Urin in die Muskulatur/Subkutis der Inguinalregion und sekundär zu einer schmerzhaften Entzündungsreaktion, die klinisch festgestellt werden kann.

Offensichtliche Hautverletzungen können sich auf die Subkutis und Muskulatur beschränken, eine Perforation des Peritoneums muss aber immer ausgeschlossen werden.

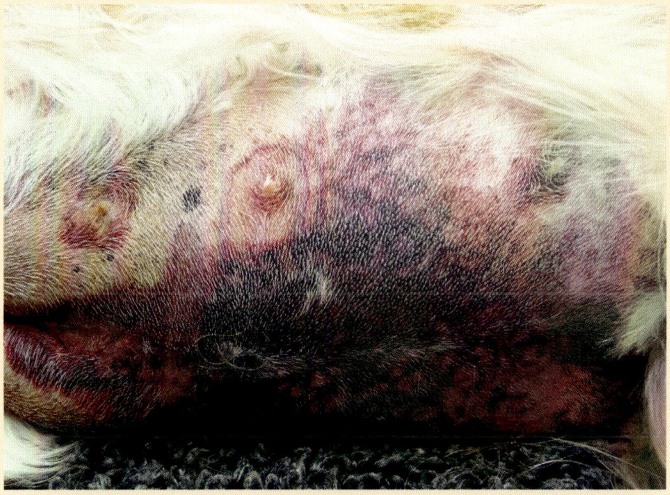

Abb. 5.1: Bei Vorliegen eines Hämoabdomens kann ventral am Bauch sowie inguinal eventuell eine Rötung festgestellt werden. Diese wird beim abgebildeten Hund durch eine sekundäre Thrombozytopenie noch verstärkt.

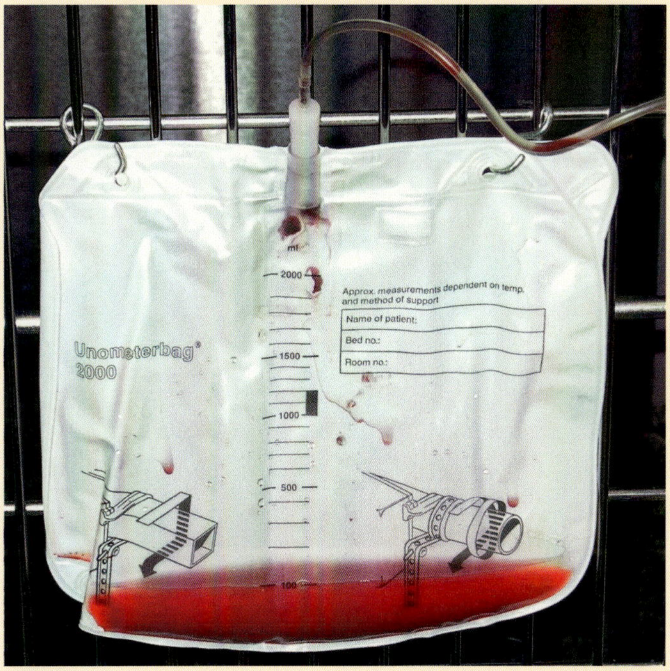

Abb. 5.2: Hämaturie kann bei Traumapatienten oft gesehen werden, ist aber weder ein sensitives noch ein spezifisches Zeichen von Harnwegstrauma.

Tab. 5.1: Differenzialdiagnosen bei stumpfem Abdominaltrauma

Organ	Differenzialdiagnosen
Leber	• Lazeration mit Hämoabdomen • Quetschung, Hämatom • Gallenblasen-/Gallengangsruptur → Gallenperitonitis
Milz	• Lazeration mit Hämoabdomen • Quetschung, Hämatom
Pankreas	• akute Pankreatitis • Lazeration mit (steriler) Peritonitis
Niere	• Nierenabriss → Hämo(retro)peritoneum • Nierenlazeration → Uroretroperitoneum oder Hämoretroperitoneum • Nierenquetschung
Harnwege	• Ureterenabriss → Uro(retro)peritoneum • Blasenruptur → Uroabdomen • Blasenquetschung mit Hämatom • Urethraruptur/-abriss → evtl. Uro(retro)peritoneum
Gastrointestinaltrakt	• Ruptur → septische Peritonitis
andere	• Chyloabdomen

5.1.2 Differenzialdiagnosen

Differenzialdiagnosen eines stumpfen traumatischen Abdomens beinhalten sämtliche traumatischen Veränderungen aller abdominalen Organe (Tab. 5.1). Verletzungen der Wirbelsäule ohne neurologische Ausfälle können ebenfalls zu Schmerzen führen, die nicht immer klar von abdominalen Schmerzen abgegrenzt werden können.

Wurde das Trauma nicht beobachtet, müssen andere Ursachen eines akuten Abdomens wie Peritonitis, nichttraumatisches Hämoabdomen, intestinale Obstruktion, Pankreatitis oder Neoplasien in Betracht gezogen werden.

5.1.3 Diagnostische Aufarbeitung

Ein stumpfes Abdominaltrauma kann einerseits mittels klinischer Untersuchung nicht immer zuverlässig erkannt werden, andererseits muss für die spezifische Therapie eines akuten Abdomens die Ursache der abdominalen Schmerzen bekannt sein. Dies bedingt weitere diagnostische Untersuchungen. Die Aufarbeitung eines Abdominaltraumas setzt sich aus einer Kombination von klinischer Evaluation, Blutanalysen, abdominaler Sonographie, CT-Untersuchungen und der Untersuchung abdominaler Flüssigkeit nach Abdominozentese oder diagnostischer peritonealer Lavage (DPL) zusammen.

Hämatokrit, Totalprotein und Kreatinin sollten bei jedem Traumapatienten zum Ausschluss abdominaler Verletzungen bei der Vorstellung bestimmt werden, unabhängig davon, ob klinische Zeichen eines Abdominaltraumas vorhanden sind oder nicht. Wichtig ist die Messung vor einer eventuellen Flüssigkeitstherapie, da vor allem die Verlaufskontrolle wichtig ist.

Die Bestimmung von Hämatokrit und Totalprotein ist wichtig für die Evaluation des Flüssigkeitsvolumens und den Ausschlus abdominaler Blutungen anhand von Verlaufskontrollen. Initial ist der Hämatokrit nicht diagnostisch verwertbar für die Feststellung eines Hämoabdomens, eine akute Blutung führt gleichermaßen zu einem Verlust von Erythrozyten und Plasma. Hämatokrit und Totalproteinwerte werden deshalb Minuten nach einer akuten Blutung unverändert sein. Das verminderte vaskuläre Volumen führt einerseits zu einer Ausschüttung von Erythrozyten aus der Milz (Hund > Katze) und andererseits zu einer Umverteilung von Flüssigkeit aus dem Interstitium in den intravaskulären Raum, weshalb in der Folge der Totalproteinwert bei einer akuten Blutung im Verhältnis zum Hämatokrit mehr absinkt und der Hämatokrit bei der Präsentation des Patienten häufig im Normalbereich ist. Eine signifikante Verminderung von Hämatokrit und Totalprotein wird erst nach Auffüllen des Blutkreislaufes mit Infusionslösungen gesehen. Die regelmäßige Kontrolle des Hämatokrits ist deshalb während der Stabilisation wichtig. Zur Evaluation der Perfusion können die Messung des Laktats sowie eine Blutgasanalyse erfolgen. Hyperlaktatämie und metabolische Azidose reflektieren eine zelluläre Hypoxie.

Eine Erhöhung der Leberenzyme ist häufig als Folge der Leberkontusion zu sehen und gibt keinen Hinweis auf das Ausmaß oder die Ursache des Traumas. Bilirubin sollte beim ikterischen Patienten sowie beim Vorliegen von ikterischem Plasma gemessen werden, um eine Verlaufskontrolle durchführen zu können.

Der Kreatininwert wird beim akuten Harnwegstrauma initial ebenfalls im Normalbereich liegen, sofern der Patient vor dem Trauma eine normale Nierenfunktion zeigte und nicht massiv dehydriert oder hypovolämisch ist. Bei einem nichtdiagnostizierten Harnwegstrauma wird der Kreatininwert in den nächsten 24–48 Stunden ansteigen und kann im Vergleich mit den Kreatininwerten im Abdomenerguss diagnostisch sein (s. Abdominozentese). Harnstoff kann als Alternative zu Kreatinin ebenfalls gemessen werden und steigt gerade beim Uroabdomen früher an als der Kreatinin-Wert, ist dafür aber weniger spezifisch. Andere Blutbild- und Blutchemieparameter sind je nach Diagnose oder möglichen Differenzialdiagnosen sinnvoll, dazu gehören z. B. die Bestimmung der Elektrolyte (speziell Kalium) bei Harnwegsrupturen sowie der Gerinnungsparameter beim Vorliegen eines Hämoabdomens ohne klare Traumaanamnese.

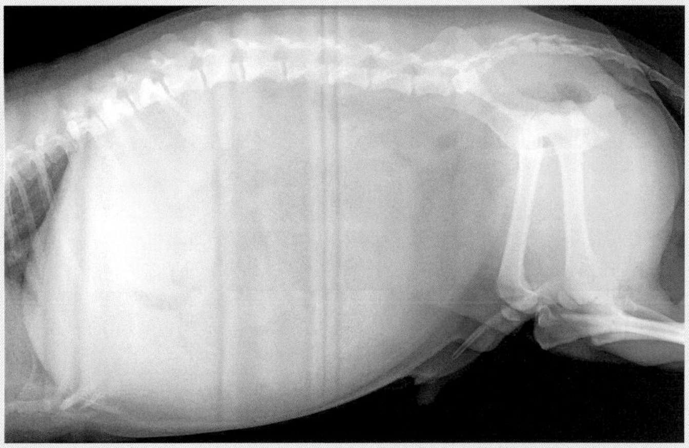

Abb. 5.3: Latero-laterale Röntgenaufnahme des Abdomens eines Hundes. Freie Flüssigkeit im Abdomen (hier ein Hämoabdomen) führt zu einer Verminderung der abdominalen Detailerkennbarkeit und – abhängig von der Menge an freier Flüssigkeit – zu einer vorgewölbten Bauchdecke. Eine Abdominozentese zur Analyse der Flüssigkeit ist indiziert.

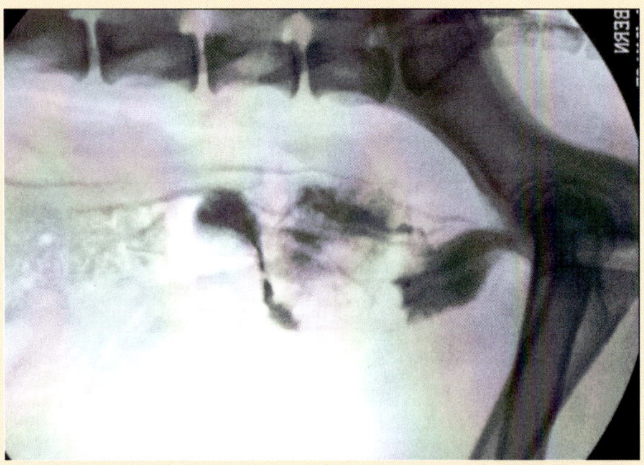

Abb. 5.4: Laterale fluoroskopische Aufnahme des kaudalen Abdomens eines Hundes: Darstellung einer Blasenruptur mit retrograder Positivkontrast-Urethrographie, bei der eine Extravasation des Kontrastmittels in das kaudale Abdomen sichtbar ist Das Kontrastmittel wird über einen Foley-Katheter, der 1–2 cm in die Urethra eingeführt und geblockt wird, appliziert. Die Aufnahme(n) können während oder nach der Injektion angefertigt werden. Auf dem vorliegenden Bild sind zusätzlich noch beide Ureteren sichtbar, da vorher eine Ausscheidungsurographie durchgeführt wurde.

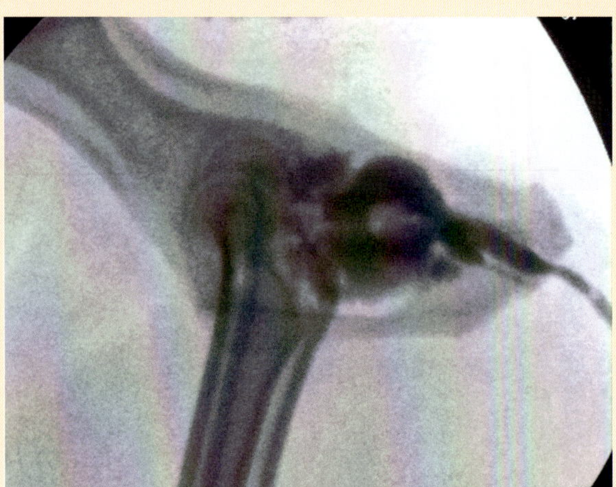

Abb. 5.5: Laterales fluoroskopisches Bild der Urethra. Innerhalb des Beckenkanals ist eine Extravasation des positiven Kontrastmittels durch eine Urethraruptur in den Beckenkanal sichtbar.

Bildgebende Diagnostik

Radiologische Untersuchungen des Abdomens geben eine Übersicht über das komplette Abdomen sowie angrenzende knöcherne Strukturen wie Wirbelsäule und Becken. Sie erlauben die Identifikation von spezifischen Veränderungen wie Flüssigkeitsansammlungen beim Hämo- oder Uroabdomen (Abb. 5.3), freiem Gas bei Perforation der Bauchdecke oder des Gastrointestinaltraktes sowie von externen und internen abdominalen Hernien. Als Standardaufnahmen werden eine seitliche (meist in linker Seitenlage) und eine ventro-dorsale Projektion in der Exspirationsphase der Atmung angefertigt. Horizontale Aufnahmen am stehenden oder liegenden Tier können die Beurteilung von Flüssigkeit und freier Luft in der Bauchhöhle vereinfachen. Ein systematisches Vorgehen bei der Interpretation von Röntgenbildern verringert die Gefahr des Übersehens von Veränderungen. Beurteilt werden Strukturen außerhalb des Abdomens (z.B. sichbare Anteile des Thorax), Skelett, Hautoberfläche, Abdominalwand und Bauchumfang, weiterhin Dichte und Detailzeichnung sowie Lage, Größe, Form und Kontur der Organe. Das Retroperitoneum sollte ebenfalls abgebildet und beurteilt werden. Die wichtigsten Befunde und deren Interpretation sind in Tabelle 5.2 aufgelistet.

Kontrastmitteluntersuchungen sind bei der Evaluation der Harnwege angebracht. Dabei sollten isotone, nichtionische Kontrastmittel verwendet werden. Bei Vorliegen von retroperitonealem Detailverlust ist eine intravenöse Pyelographie (IVP) zur Darstellung von Nieren und Ureteren indiziert, während bei einem Uroabdomen die Darstellung von Blase und Urethra mittels retrograder Urethrographie (Abb. 5.4 und 5.5) im Vordergrund steht. Häufig werden beide Untersuchungen oder eine IVP, gefolgt von einer Urethrographie durch Druck auf die mit Kontrastmittel gefüllte Blase, durchgeführt, um multiple oder unklare Läsionen auszuschließen. Ein isotones nichtionisches Kontrastmittel, in verdünnter Form ins Abdomen injiziert, kann auch zur Diagnosestellung von Hernien oder Zwerchfellrissen hilfreich sein.

Zum Ausschluss freier Flüssigkeit im Abdomen, bzw. zur Feststellung der Ursache, kann eine Ultraschalluntersuchung hilfreich sein. Untersuchungen verschiedener abdominaler Lokalisationen mit dem *focused **a**ssessment with **s**onography for **t**rauma* (FAST) zeigen eine hohe Spezifität bei der Diagnosestellung eines Hämoabdomens, es können aber auch andere Flüssigkeitsansammlungen (Uroabdomen, fokale Peritonitis) dargestellt werden. FAST, als Scoring-Methode verwendet, hilft, die Menge an abdominaler Flüssigkeit zu schätzen und kann als

Parameter für die Entscheidung eines chirurgischen Eingriffs verwendet werden. Bei hämodynamisch instabilen Patienten wird ein positives FAST-Resultat als Hämoperitoneum gewertet und induziert oft eine Laparotomie, während bei stabilen Patienten mit einem positiven FAST-Resultat eine CT-Untersuchung zur besseren Abklärung der Flüssigkeitsansammlung empfohlen wird. Ein FAST-Protokoll wurde auch für Hunde entwickelt und getestet und zeigte 96 % Sensitivität und 100 % Spezifität für die Diagnose von freier abdominaler Flüssigkeit. Mit dem Patienten in linker Seitenlage wird an folgenden Stel-

Tab. 5.2: Abdominale Röntgenbefunde und deren Interpretation

Beurteilte Region	Befunde	Differenzialdiagnosen
Bauchwand (Kontur)	• Bauchwand verbreitert, unterbrochen oder unscharf • Asymmetrie der Abdominalwand • evtl. Verlagerung von Organen (gasgefüllte Darmschlingen außerhalb der Bauchwand)	• Abdominalwandhernien
	• Gaseinschlüsse	• Hautverletzung • perforierendes Abdominaltrauma
Zwerchfell	• Zwerchfell nicht komplett abgrenzbar, Kontur unterbrochen • evtl. Verlagerung von abdominalen Organen in den Thorax (gasgefüllte Darmschlingen)	• Zwerchfellhernie
Abdominalhöhle	• generalisiert verminderte Detailzeichnung, unklare Organgrenzen • evtl. Bauchumfangsvermehrung	• Hämoabdomen • Uroabdomen • Peritonitis
	• freie Luft	• Ruptur des Gastrointestinaltraktes • perforierendes Trauma
retroperitonealer Raum	• verminderte Detailerkennbarkeit (Nieren ein- oder beidseitig nicht abgrenzbar) • erhöhte Dichte, retroperitoneale Masse • Verlagerung des Kolons nach ventral	• Nierenabriss • Nierenruptur • Ureterabriss • Gefäßblutung
Harnblase	• große Harnblase • evtl. Blasenhals schlecht darstellbar	• Urethraobstruktion (Koagula) • Urethraruptur
Darmschlingen	• segmental dilatierte und evtl. mit Luft gefüllte immobile, starr erscheinende Darmschlingen • abnormale „sägezahnartige“ Mukosaoberfläche	• Ischämie • Gefäßabriss • Peritonitis
Milz, Leber	• Vergrößerung • nicht abgrenzbar	• Hämatom • Ruptur

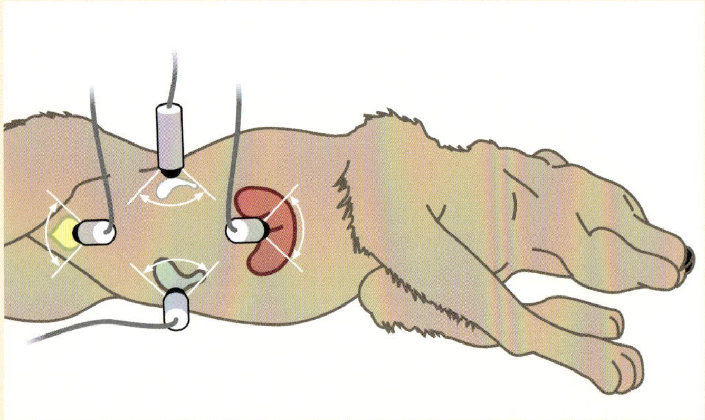

Abb. 5.6: ***F****ocused* ***a****ssessment with* ***s****onography for* ***t****rauma* (FAST).

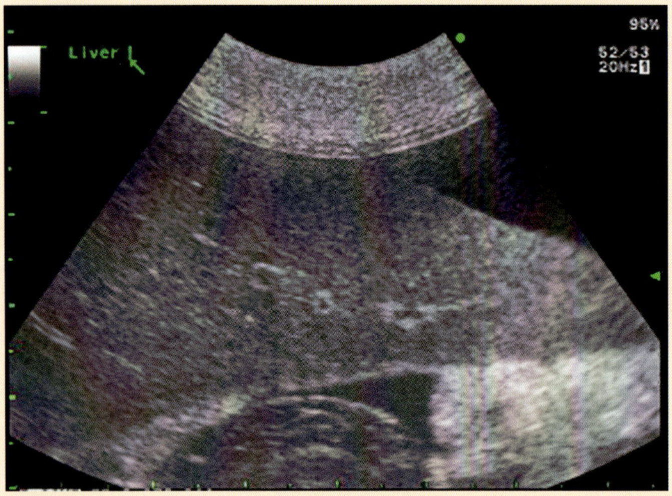

Abb. 5.7: Darstellung von abdominaler Flüssigkeit mittels Ultraschall. Die hypoechogene Flüssigkeit ist zwischen den Leberlappen sichtbar.

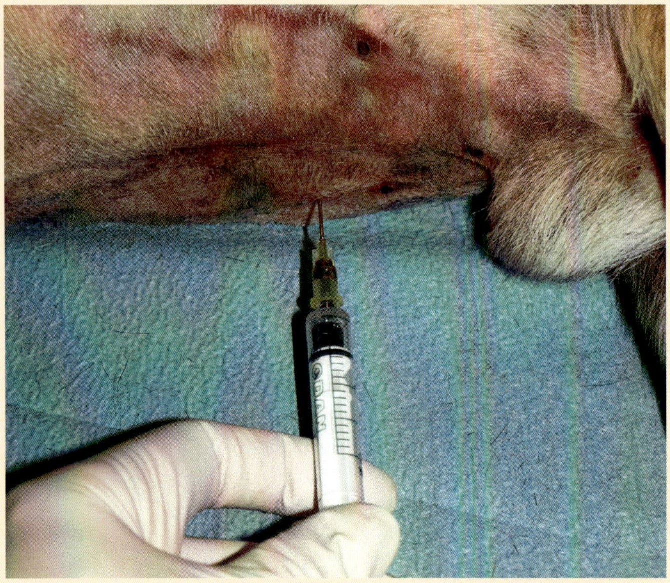

Abb. 5.8: Eine Abdominozentese erfolgt steril mit einer 18–20-G-Kanüle mit aufgesetzter Spritze. Bei Punktion von Blut wird ein Teil in der Spritze belassen und die Gerinnung geprüft. Blut, das mit der Serosa in Kontakt war (Hämoabdomen), gerinnt nicht.

len, sogenannten Schallfenstern, nach freier Flüssigkeit gesucht: direkt kaudal vom Xiphoid in der Mittellinie (transverses Fenster), in der Mittellinie über der Blase (transvers), an der tiefsten Stelle der linken Flanke (longitudinal), sowie an der rechten Flanke (longitudinal) (Abb. 5.6). Abdominale Flüssigkeit kann aufgrund der unterschiedlichen Echogenität am einfachsten neben den Leberlappen sowie der Harnblase dargestellt werden (Abb. 5.7). Vorhandene abdominale Flüssigkeit sollte immer punktiert und analysiert werden (s. Abdominozentese).

Die Computertomographie (CT) wird in der Humanmedizin standardmäßig zur Diagnose von traumatisch bedingten abdominalen Veränderungen verwendet. Mit der CT-Untersuchung können abdominale Verletzungen zwar nicht immer erkannt, aber relativ zuverlässig ausgeschlossen werden. Aufgrund der eingeschränkten Verfügbarkeit von CT-Untersuchungen in der Veterinärmedizin ist diese Methode nicht sehr gängig.

Abdominozentese und Flüssigkeitsuntersuchung

Bei Verdacht auf oder Diagnose von freier Flüssigkeit im Abdomen sollte diese unbedingt punktiert und analysiert werden. Die Punktion wird steril durchgeführt. Am einfachsten ist die Punktion unter Ultraschallkontrolle mit einer Kanüle (18–22 G) mit aufgesetzter Spritze zur Aspiration. Bei massivem Erguss kann das Abdomen blind punktiert werden (Abb. 5.8). Kann keine Flüssigkeit aspiriert werden, sollte die Punktion ohne Aspiration durchgeführt werden, da unter Umständen das Omentum die Kanüle obstruiert. Eine Alternative ist die Punktion nach der sogenannten Vier-Quadranten-Regel. Dabei werden vier Stellen, je zwei bis drei Zentimeter vor und hinter dem Nabel sowie rechts und links der Mittellinie, punktiert (Abb. 5.9). Je nach Palpationsbefund (Organomegalie im kranialen Abdomen oder große Blase) wird zuerst vor oder hinter dem Nabel punktiert. Falls keine Flüssigkeit aspiriert werden kann, wird die Punktion an den anderen drei Stellen durchgeführt. Blutige Flüssigkeit kann auch bei Punktion von Leber, Milz oder abdominalen Gefäßen gewonnen werden. Dies kann sehr einfach ausgeschlossen werden, da Blut, welches mit der abdominalen Serosa in Kontakt war (Hämoabdomen), aufgrund des Verbrauchs von Fibrinogen und des Abbaus von Thrombozyten im Gegensatz zu frischem Blut aus einem Gefäß nicht gerinnt.

Die gewonnene Flüssigkeit wird in ein EDTA-, ein Heparin- sowie in ein steriles Serumröhrchen verteilt. Die untersuchte abdominale Flüssigkeit kann anhand von Zellzahl und Proteingehalt sowie spezifischem Gewicht in ein Transsudat, modifiziertes Transsudat oder Exsudat eingeteilt werden (Tab. 5.3). Dies ist ein wichtiger Schritt zur Abklärung von Differenzialdiagnosen. Beim Vorliegen von blutiger Flüssigkeit werden Hämatokrit und Totalprotein im Erguss gemessen, um ein Hämoabdomen ein- oder auszuschließen. Die Diagnose eines reinen Hämoabdomens kann gestellt werden, wenn der Hämatokrit im Abdominalpunktat dem venösen Hämatokrit entspricht oder sogar höher ist.

Bei Vorliegen eines deutlich erhöhten abdominalen Hämatokritwertes, der jedoch niedriger ist als der venöse Hämatokrit vor der Flüssigkeitstherapie, muss ein Uroabdomen zwingend ausgeschlossen werden. Zum Ein- oder Ausschluss eines Uroabdomens wird der Kreatininwert im Abdominalerguss mit dem venösen Kreatininwert verglichen. Ein normaler venöser Kreatininwert bei Vorstellung des Patienten schließt ein Uroabdomen nicht aus, da Kreatinin zeitlich verzögert resorbiert wird. Ist der Kreatininwert in der Abdominalflüssigkeit im Vergleich zum venösen Blut deutlich höher, kann die Diagnose eines Uroabdomens gestellt werden. Zur Identifikation der Ursache sind weitere diagnostische Untersuchungen, wie IVP und Urethrographie, notwendig. Harnstoff oder Kalium können eben-

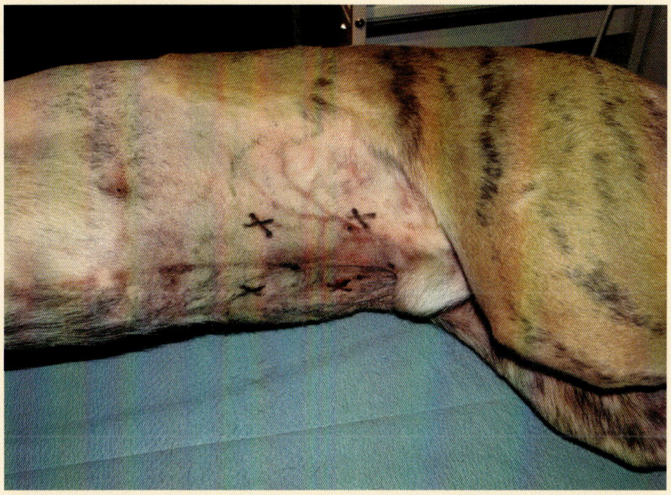

Abb. 5.9: Gibt es wenig abdominale Flüssigkeit oder steht kein Ultraschall zur Verfügung, kann das Abdomen nacheinander in allen vier Quadranten – kranial und kaudal vom Nabel 1–2 cm beidseits paramedian – punktiert werden. Sind alle vier Punktionen negativ, so ist die Wahrscheinlichkeit einer Flüssigkeitsansammlung sehr gering.

Tab. 5.3: Analyse der Abdominalflüssigkeit

Eigenschaften	Transsudat	Modifiziertes Transsudat	Exsudat
Farbe/Aussehen	klar	klar/trüb/gelb	trüb/blutig
Totalprotein	<25 g/l	25–50 g/l	>30 g/l
Zellzahl	<1500 Zellen/ml	1000–7000 Zellen/ml	>5000 Zellen/ml
spezifisches Gewicht	<1017	1017–1025	>1025
vorherrschende Zellen	Mesothelzellen	Makrophagen, Lymphozyten	Neutrophile Granulozyten, Makrophagen, Erythrozyten
traumatische Differenzialdiagnosen	—	• Uroabdomen	• septische Peritonitis • Gallengangsperitonitis • Hämoabdomen • Chyloabdomen
andere Differenzialdiagnosen	• Hypoalbuminämie (*protein losing enteropathy* oder Nephropathie, Sepsis) • Herzversagen	• Herzversagen • Leberinsuffizienz • Neoplasien	• sterile Peritonitis (FIP) • Neoplasien (Lymphom, Mesotheliom)

falls gemessen und verglichen werden, sind aber aufgrund der schnelleren Resorption weniger aussagekräftig als der Kreatininvergleich.

Zeigt der Traumapatient Ikterus, gelbe Abdominalflüssigkeit oder liegen andere Hinweise für eine Gallenperitonitis vor, können analog zum Kreatininwert Bilirubinwerte gemessen und verglichen werden. Ist der Bilirubinwert im Abdomen höher als im venösen Blut, so muss eine Kontamination mit Gallenflüssigkeit stattgefunden haben.

Eine zytologische Untersuchung der Flüssigkeit sollte bei jeglichem Exsudat durchgeführt werden, um eine septische Peritonitis auszuschließen (s. Kap. 5.2.3).

5.1.4 Stabilisation und Therapie

Auch bei der Stabilisation des akuten Abdomens hat die Normalisierung von Atmung und Perfusion Priorität. Das Sicherstellen einer normalen Perfusion sowie eine adäquate Analgesie sind die wichtigsten Stabilisierungsmaßnahmen beim Patienten mit einem traumatischen akuten Abdomen. Weitere Maßnahmen sowie die Therapie sind abhängig von der Diagnose. Die Flüssigkeitstherapie erfolgt, wie in Kapitel 3.2 beschrieben, mittels kristalloider und kolloidaler Infusionslösungen. Art und Menge der Infusionslösung sind unter anderem abhängig von der Art des Flüssigkeitsverlustes (Blutung), der Gefäßintegrität (z. B. Vaskulitis bei septischen Patienten), Koagulationsstörungen sowie anderen Verletzungen wie Lungenkontusionen oder Schädel-Hirn-Traumata.

Auf steroidale und nichtsteroidale Antiphlogistika (NSAID) sollte verzichtet werden bis sichergestellt ist, dass die Nierenperfusion ausreichend ist und kein gastrointestinales Problem vorliegt. Als Analgetika eignen sich kurzwirkende Opioide, wie die reinen µ-Agonisten Methadon (0,1–0,5 mg/kg alle ein bis drei Stunden) oder Fentanyl (2–10 µg/kg/Stunde im Dauertropf, vgl. Kap. 7.1).

In letzter Zeit wurde die analgetische und antioxidative Wirkung von Lidocain wiederentdeckt, welches sich vor allem zur Behandlung viszeraler Schmerzen eignet. Lidocain als Dauertropfinfusion (2 mg/kg i. v. als langsamer Bolus beim Hund, bei der Katze 0,5 mg/kg i. v., gefolgt von 2 mg/kg/h) hat sich in Kombination mit Opioiden sowohl beim chirurgisch als auch beim konservativ behandelten akuten Abdomen bewährt.

Indikationen für eine notfallmäßige chirurgische Internvention sind:

- Septische Peritonitis;
- Freie Luft im Abdomen;
- Instabiles Hämoabdomen;
- Hernien mit inkarzerierten Organen;
- Patienten, die sich trotz adäquater Stabilisierungsmaßnahmen nicht stabilisieren lassen.

Externe Hernien, Zwerchfellhernien und das Uroabdomen benötigen ebenfalls eine chirurgische Therapie, diese muss aber nicht notfallmäßig erfolgen. Eine diagnostische Laparotomie wird ebenfalls nicht als Notfallbehandlung, sondern unter kontrollierten Bedingungen durchgeführt. Der Zugang erfolgt unter aseptischen Bedingungen über die Linea alba. Im Folgenden werden die Abdominalhöhle und deren Inhalt systematisch untersucht.

Hämoabdomen

Die Therapie eines Hämoabdomens kann sowohl konservativ wie chirurgisch erfolgen. Die meisten traumatischen Hämoabdomina können nichtchirurgisch behandelt werden, da die Blutung bei der Präsentation häufig nicht mehr aktiv ist. Die Entscheidung, ob ein Patient chirurgisch oder medizinisch therapiert werden soll, ist nicht immer einfach. Eine massive abdominale Blutung, die sofort chirurgisch stabilisiert werden muss, lässt sich meistens aufgrund des nicht stabilisierbaren Zustandes des Patienten erahnen.

Patienten mit einem traumatischen Hämoabdomen sind aufgrund der Blutung hypovolämisch und müssen mit Infusionsboli behandelt werden. Initial wird der Blutverlust am besten durch eine Kombination von isotonen kristalloiden und kolloidalen Infusionslösungen ersetzt. Zu einem späteren Zeitpunkt sind unter Umständen Bluttransfusionen notwendig. Stehen nicht ausreichend Blutkonserven zur Verfügung, kann auch eine Autotransfusion durchgeführt werden (s. Kap. 3.2.4). Das intraabdominale Blut wird aseptisch gewonnen und in einem sterilen Beutel mit Antikoagulans vermischt. Die Antikoagulation erfolgt mit Natrium-Citrat (im Verhältnis 1 : 9) oder Heparin (625 IE/50 ml Vollblut). Am einfachsten ist das Gewinnen des Blutes direkt in einen humanmedizinischen Transfusionsbeutel (Verhältnis CPDA : Blut = 1 : 7). Die Applikation von Blutprodukten inklusive Autotransfusionen erfolgt über einen Blutfilter.

Bei Patienten mit Hämoabdomen wird eine konservative Flüssigkeitstherapie (*low volume fluid resuscitation*) angewendet, damit durch Thrombozyten abgedichtete Gefäße nicht wieder zu bluten anfangen. Die Infusionstherapie erfolgt mittels intravenöser Boli von 10 ml/kg einer isotonen kristalloiden Infusionslösung wie 0,9%igem NaCl oder Ringer-Laktat und 5–10 ml/kg einer kolloidalen Lösung wie HAES. Ziel der Flüssigkeitstherapie ist ein mittlerer arterieller Blutdruck (MAP) von 60 mmHg oder ein systolischer Blutdruck von 80–100 mmHg.

Ein Verband zur Kompression des Abdomens ist nicht indiziert, da der entstehende Druck zu einer Beeinträchtigung der Atmung und des Rückflusses von Blut aus den Hinterbeinen führt. Traumapatienten mit Hämoabdomen weisen häufig auch zusätzliche Verletzungen wie Lungenprobleme oder Beckenfrakturen auf, welche durch den Druckverband verschlimmert werden können.

Da weder durch die Bestimmung der Verlaufswerte des venösen Hämatokrits noch durch die Messung eines einzelnen Hämatokrits in der Abdominalflüssigkeit eine aktive Blutung ein- oder ausgeschlossen werden kann, werden venöse und abdominale Hämatokritwerte über verschiedene Zeiträume – bei Präsentation, nach Schocktherapie und nachfolgend alle 30–120 Minuten – gemessen und verglichen. Ist die Blutung stabil, wird sich der venöse Hämatokritwert durch die Auffüllung des intravaskulären Volumens mit Infusionslösungen vermindern und nach Beendigung der Schocktherapie konstant bleiben. Im Gegensatz dazu wird der abdominale Hämatokrit unverändert beim Ausgangswert bleiben oder aufgrund einer Rückresorption von Plasma sogar ansteigen (Abb. 5.10). Bei einem instabilen Hämoabdomen hingegen wird der venöse Hämatokrit aufgrund der Flüssigkeitstherapie absinken und sich nicht stabilisieren. Da es zu einer weiteren abdominalen Blutung mit „verdünntem" Blut kommt, wird der abdominale Hämatokritwert ebenfalls absinken (Abb. 5.11).

Kann die Blutung nicht gestoppt und der Patient kardiovaskulär nicht stabilisiert werden, ist eine sofortige Operation notwendig. Durch den Verlust des intraabdominalen Druckes bei Eröffnung der Bauchhöhle muss mit weiterem Blutverlust gerechnet werden, daher sollte zügig und mit System gearbeitet werden, um die Ursache der Blutung so schnell wie möglich festzustellen und zu beheben. Das Abdomen wird rasch eröffnet und als Erstes wird die Milz als häufigste Lokalisation großer Blutungen untersucht und auf eventuelle Rupturen kontrolliert. Anschließend wird das Abdomen mit einer starken

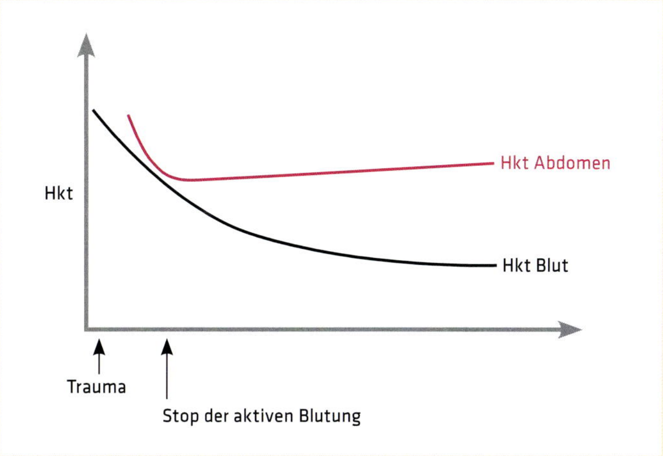

Abb. 5.10: Stabiles Hämoabdomen. Im Gegensatz zum venösen Hämatokrit, der aufgrund der Verdünnung durch die Flüssigkeitstherapie absinkt, bleibt der abdominale Hämatokrit gleich oder steigt aufgrund der Rückresorption von Plasma leicht an.

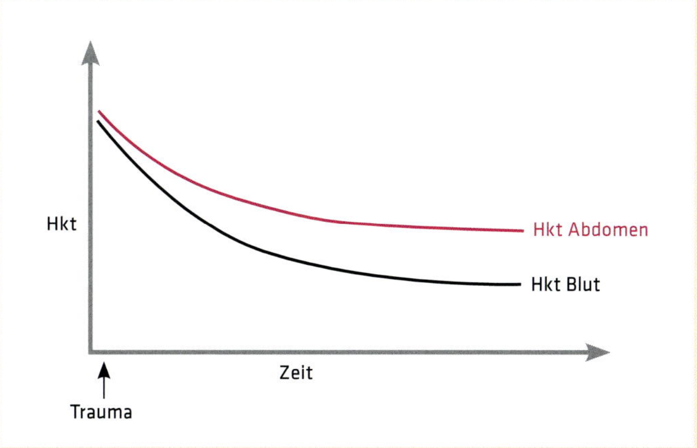

Abb. 5.11: Instabiles Hämoabdomen. Aufgrund kontinuierlicher Blutung mit verdünntem venösem Blut sinkt der abdominale Hämatokrit ebenfalls ab.

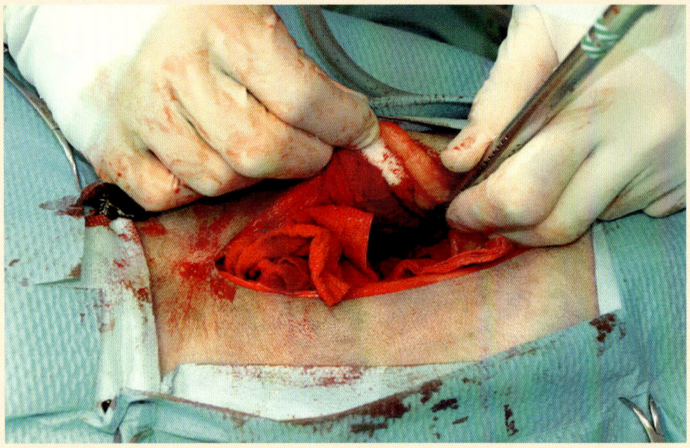

Abb. 5.12: Abdominales *packing*. Das blutgefüllte Abdomen wird nach Eröffnung der Bauchdecke mit sterilen Tupfern oder Tüchern gefüllt. Danach wird eine Lage nach der anderen entfernt und erkannte Blutungsquellen werden behandelt.

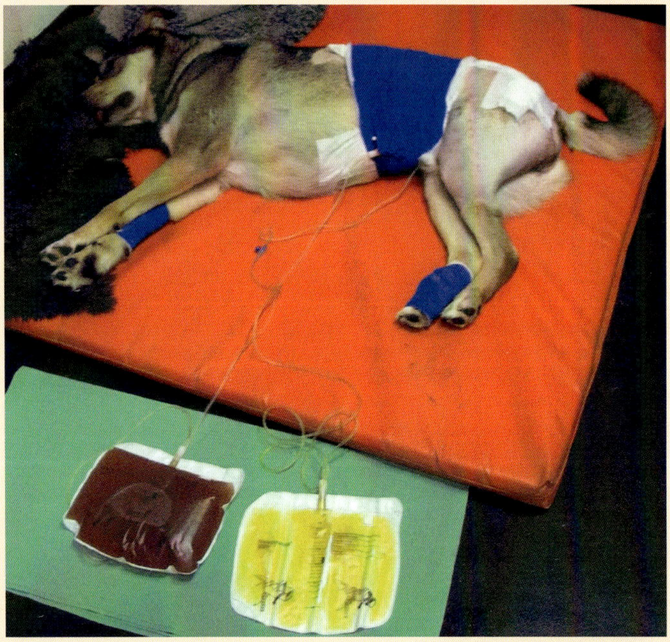

Abb. 5.13: Die Drainage eines Uroabdomens erfolgt mit einem Harnkatheter (gelber Urin) und einem peritonealen Katheter (braunroter Urin).

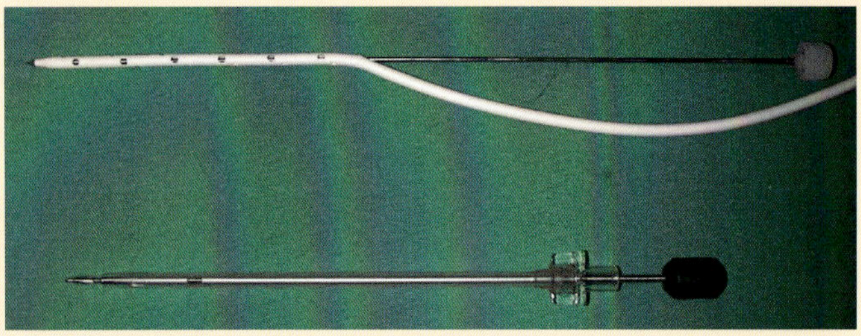

Abb. 5.14: Peritonealkatheter sollten einen genügend großen Durchmesser und mehrere Seitenlöcher aufweisen, um eine adäquate Drainage zu gewährleisten.

chirurgischen Absaugeinrichtung so weit entleert, dass andere mögliche große Blutungsquellen, wie rupturierte Nierenarterien oder Lebervenen, identifiziert werden können. Dieses Vorgehen ist zeitintensiv und führt zu einer sehr hohen Mortalität, falls die gleichzeitige Transfusionstherapie unzulänglich durchgeführt wird. Je mehr Blutkonserven zur Verfügung stehen, desto länger hat der Chirurg Zeit, die Blutung zu finden, respektive zu stillen. Es sollten genügend Konserven vorhanden sein, um etwa 50 % des vorhandenen Blutvolumens ersetzen zu können.

Da in den meisten Fällen nicht unbeschränkt Vollblut zur Verfügung steht, empfiehlt sich die Methode des *packing* (Abb. 5.12): In die eröffnete Bauchhöhle werden nach der Inspektion der Milz – ohne Entfernung des intraabdominalen freien Blutes – mehrere Lagen Bauchtücher gestapelt, mit dem Ziel, die Blutung durch Kompression zu vermindern oder zu stoppen. Diese Bauchtücher werden dann eines nach dem anderen unter Inspektion der darunterliegenden Organe entfernt. Wird eine blutende Stelle entdeckt, wird das betreffende Gefäß nach Möglichkeit ligiert, bevor weitere Lagen der Kompression entfernt werden. Verliert der Patient trotzdem viel Blut und ist die Blutung nicht eindeutig oder zu großflächig, können die Tupfer/Bauchtücher als interne Kompresse belassen werden, das Abdomen wird verschlossen und der Patient zuerst stabilisiert, bevor nach 24–48 Stunden eine Reevaluation des Abdomens unter besseren Bedingungen erfolgt.

Uroabdomen

Ein Uroabdomen kann aufgrund einer Blasenruptur, eines Urethraabrisses oder eines distalen Ureterenabrisses entstehen. Die Therapie erfolgt – nach Identifikation der Läsion mittels bildgebender Verfahren – in der Regel chirurgisch. Kleine Blasenrupturen und Urethrarupturen (ohne komplette Durchtrennung) können spontan abheilen, solange eine Harndrainage gewährleistet ist.

Unabhängig von der Ursache des Uroabdomens sind die abdominale Drainage sowie ein Harnkatheter zusätzlich zur allgemeinen Stabilisierung durch Flüssigkeitstherapie und Analgesie (s. Kap. 3.2 bzw. 7.1) die Maßnahmen der Wahl, um die Heilung zu begünstigen und Komplikationen wie eine Hyperkaliämie zu verhindern (Abb. 5.13). Dies ist vor allem indiziert bei Patienten, die nicht stabil genug sind für eine Anästhesie zur definitiven Diagnostik oder Chirurgie.

Um das Abdomen zu entleeren, kann eine Abdominozentese oder eine peritoneale Lavage durchgeführt oder am besten ein peritonealer Katheter gelegt werden, der eine kontinuierliche Drainage ermöglicht. Ein peritonealer Katheter kann unter Lokalanästhesie mit Lidocain gelegt werden. Wird kein spezieller Peritonealkatheter verwendet, muss sichergestellt werden, dass der gewählte Katheter mehrere Seitenlöcher aufweist, um eine ausreichende Drainage zu gewährleisten (Abb. 5.14). Gegebenenfalls können die Löcher mit einem Skalpell unter sterilen Bedingungen selber gemacht werden, wenn z. B. ein Venenkatheter verwendet wird. Das Legen eines Peritonealkatheters erfolgt am einfachsten mit der Seldinger-Technik, bei der der Katheter mit Hilfe eines Führungsdrahtes ins Abdomen eingeführt wird (Abb. 5.15).

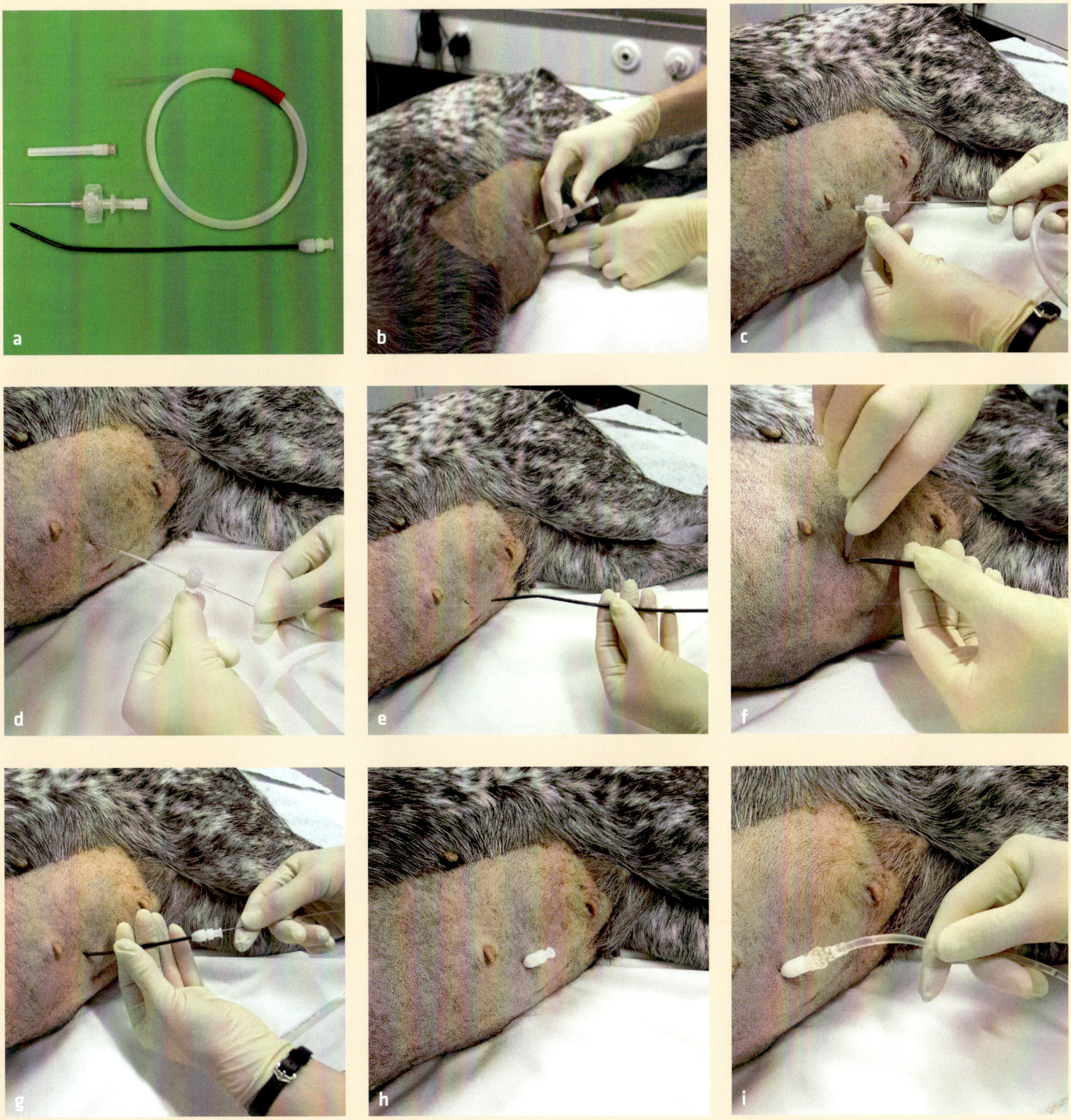

Abb. 5.15: Legen eines peritonealen Katheters mittels Seldinger-Technik.
a Die Seldinger-Methode erfordert neben dem peritonealen Katheter (grau) einen Venenkatheter oder eine Kanüle sowie einen Führungsdraht.
b Nach der chirurgischen Vorbereitung und einer Lokalanästhesie – der Patient wird wach in Position gebracht – wird das Abdomen paramedian mit einem Venenkatheter punktiert.
c und **d** Das Stilett wird entfernt und der Führungsdraht durch den Venenkatheter in das Abdomen eingeführt.
e Der Venenkatheter wird entfernt, so dass nur noch der Führungsdraht im Abdomen verbleibt. Über diesen wird nun der peritoneale Katheter eingeführt.
f Bei großen Kathetern kann ein Hautschnitt hilfreich sein.
g Der peritoneale Katheter wird mittels rotierender Bewegungen vollständig eingeführt. Dabei muss das Drahtende festgehalten werden.
h und **i** Im Folgenden wird der Führungsdraht entfernt und der Katheter mit einem geschlossenen System verbunden.

Die Katheterisierung der Blase führt zu einer Entlastung von Blase und Urethra, so dass in diesen Teilen des Harntraktes kein oder weniger Urin ins Abdomen austreten kann. Die Katheterisierung muss steril erfolgen, um eine Kontamination und Infektion des traumatisierten Gewebes an der Leckstelle zu verhindern. Aus demselben Grund muss der Harnkatheter an ein geschlossenes System angeschlossen werden (Abb. 5.16). Für Rüden eignen sich lange Ernährungssonden, die in verschiedenen Größen erhältlich sind, während bei Hündinnen ein Foley-Katheter gewählt wird. Speziell bei Verdacht auf Urethrarupturen sollte die größtmögliche Sonde gewählt werden, um ein Austreten von Urin um den Katheter herum zu verhindern.

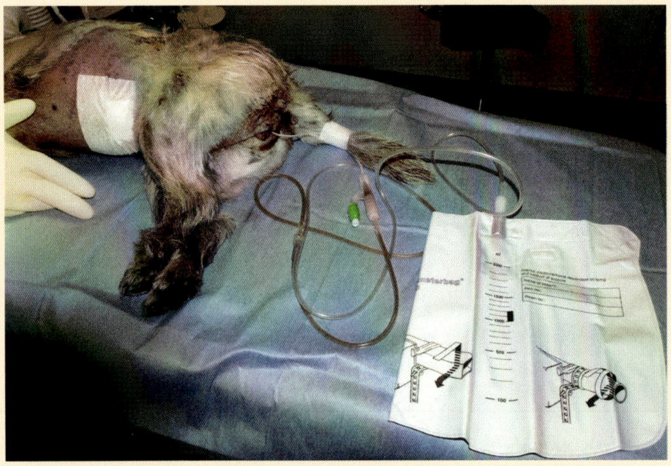

Abb. 5.16: Der Harnkatheter wird an ein geschlossenes System angeschlossen. Dafür können Harnbeutel oder leere (saubere) Infusionsbeutel verwendet werden, die mit einer Verlängerung oder einem Infusionsbesteck mit dem Katheter verbunden werden. Der Katheter wurde steril gelegt, inklusive Ausscheren der perivaginalen Region.

Patienten mit Uroabdomen können eine Hyperkaliämie und/oder postrenale Azotämie aufweisen und sollten nach der initialen Schockbehandlung und Rehydratation weiter gut infundiert werden (4–10 ml/kg/h), um eine Flüssigkeitsdiurese zu erreichen. Diuretika führen zu weiterer Hypovolämie und Dehydration und sind daher kontraindiziert. Beim Vorliegen einer Hyperkaliämie ist die bevorzugte Infusionslösung 0,9%iges Natriumchlorid, da es die renale Kaliumausscheidung fördert. Glukose, Insulin, Natriumbikarbonat und Kalziumglukonat sind andere Möglichkeiten, eine Hyperkaliämie zu behandeln (Tab. 5.4). Die Wahl der Therapie hängt von der Ursache sowie anderen Abnormalitäten, z. B. dem Vorliegen einer massiven metabolischen Azidose, ab. Eine leichtgradige Hyperkaliämie korrigiert sich in der Regel mit Flüssigkeitsdiurese und gleichzeitiger abdominaler Drainage. Kalziumglukonat antagonisiert die antiarrhythmische Wirkung der Hyperkaliämie und wird daher bei massiver Hyperkaliämie mit Gefahr von Herzrhythmusstörungen verwendet.

Hernien

Sowohl externe wie interne Abdominalhernien werden chirurgisch versorgt. Mit Ausnahme von Hernien mit inkarzerierten Organen ist dies jedoch keine Notfalloperation. Die Tiere werden – wie in den vorhergehenden Kapiteln beschrieben – stabilisiert, bevor eine Laparotomie durchgeführt wird.

Tab. 5.4: Therapie der Hyperkaliämie

Therapie	Dosierung	Wirkungsmechanismus
Infusion mit Kristalloiden	4–10 ml/kg/h	Flüssigkeitsdiurese
Glukose	1 ml/kg 50%ige Glukoselösung i. v. (verdünnt)	Aufnahme von K^+ in die Zelle zusammen mit Glukose
Glukose und Insulin	0,2 IE/kg kristallines Insulin (Actrapid®) i. v./i. m. + 1 g Glukose pro Einheit Insulin i. v.	Aufnahme von K^+ in die Zelle zusammen mit Glukose
Natriumbikarbonat	1–2 mEq/kg über 30 min	Shift des K^+ nach intrazellulär im Austausch gegen H^+
Kalziumglukonat	100 mg/kg i. v. über 20 min	Antagonisierung der K^+-Wirkung am Herzen

5.2 Perforierendes Abdominaltrauma

Ein perforierendes Abdominaltrauma kann durch penetrierende Fremdkörper (Abb. 5.17), Bissverletzungen, Schuss- und Stichwunden entstehen oder selten als Folge von Autounfällen oder Stürzen. Schusswunden führen aufgrund der hohen freigesetzten Energie zu massiven inneren Verletzungen, auch wenn äußerlich nur das Einschuss- und evtl. das Austrittsloch des Projektils erkennbar sind (Abb. 5.18).

5.2.1 Klinik

Klinisch präsentieren sich Patienten mit perforierendem Abdominaltrauma mit abdominalen Schmerzen, Kreislaufproblemen und anderen variablen Symptomen eines akuten Abdomens. Die abdominale Wunde kann offensichtlich erkennbar oder nur durch sorgfältiges Abtasten des kompletten Abdomens inklusive des Inguinalspaltes auffindbar sein. Gerade bei Bissverletzungen ist eine gründliche Palpation des Abdomens wichtig. Blutverschmiertes Fell, ein subkutanes Emphysem oder der Verlust der Integrität der Abdominalwand sind Hinweise für eine Perforation.

Wurde die Perforation übersehen oder ungenügend behandelt, kommt es zusätzlich zu den Symptomen einer septischen Peritonitis mit klinischen Zeichen einer Sepsis – Tachykardie, hyperämische Schleimhäute, schwacher Puls – und häufig, aber nicht immer, zu Inappetenz und Erbrechen.

5.2.2 Differenzialdiagnosen

Differenzialdiagnosen eines perforierenden Abdominaltraumas sind traumatische Hautverletzungen, die das Peritoneum nicht perforieren. Bei Perforation können sämtliche abdominalen Organe betroffen sein, aufgrund ihrer Größe kommt es häufig zu Verletzungen von Milz und Leber. Im Gegensatz zum stumpfen Abdominaltrauma ist häufig auch der Gastrointestinaltrakt betroffen.

5.2.3 Diagnostische Aufarbeitung

Die diagnostische Aufarbeitung eines Abdominaltraumas mit Verdacht auf Perforation der Bauchwand konzentriert sich primär auf den Ein- oder Ausschluss einer Perforation des Peritoneums sowie auf die Identifikation der betroffenen Organe. Letzteres ist vor allem wichtig für weniger erfahrene Chirurgen, da abhängig von den Verletzungen sehr spezielle chirurgische Interventionen nötig sein können, z. B. eine partielle Pankreasresektion oder eine Gallengangsrekonstruktion.

Blutuntersuchung

Eine komplette Hämatologie mit Differenzialblutbild, die Bestimmung der blutchemischen Parameter – wie Kreatinin, Glukose, Elektrolyte und evtl. Bilirubin – sowie die Feststellung des Gerinnungsstatus bei Hinweisen auf eine ausgeprägte Sepsis sind durchzuführen, um einerseits Grundwerte für den Verlauf zu haben und andererseits bereits bestehende Probleme – wie z. B. Thrombozytopenie oder Hypoglykämie – zu erkennen. Die Leukozytenzahl kann initial sowohl erhöht als auch erniedrigt

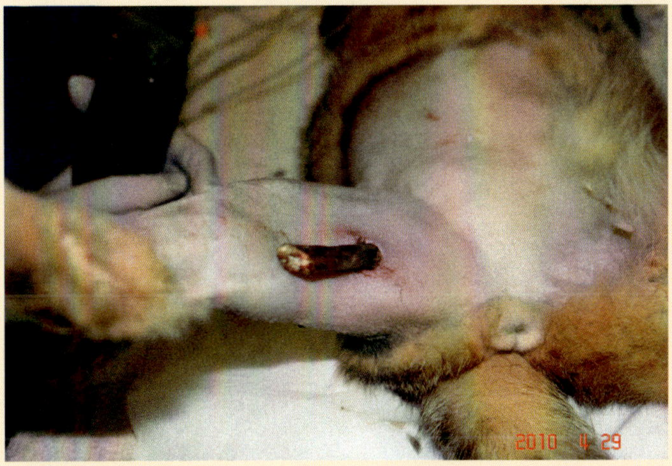

Abb. 5.17: Bei Fremdkörpern im Bereich des Abdomens muss eine Perforation des Peritoneums unbedingt ausgeschlossen werden. Der Fremdkörper im Bild perforiert die Haut zwar medial am Bein, ist aber bis in das Abdomen vorgedrungen und macht so einen chirurgischen Zugang vom Abdomen her nötig.

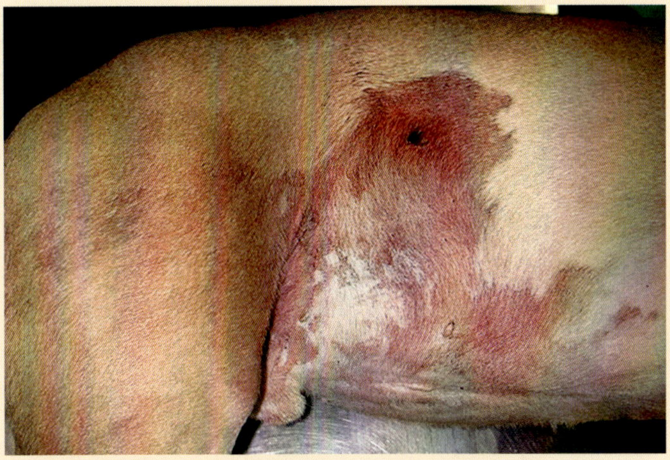

Abb. 5.18: Eine abdominale Schusswunde, die zu erheblichen intraabdominalen Verletzungen (Milzblutung, Blasenruptur und Durchschuss von Dünndarmschlingen) geführt hat.

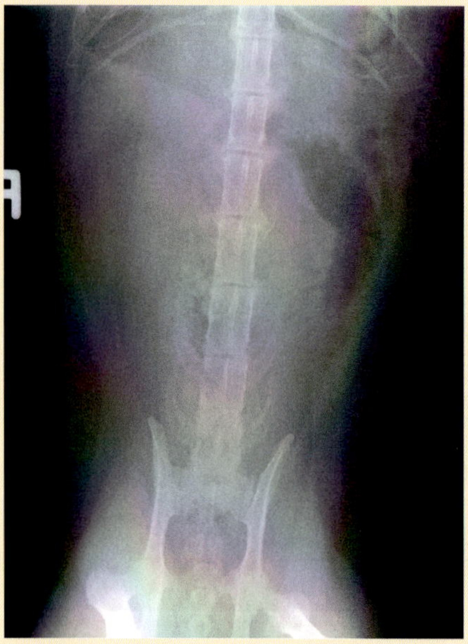

Abb. 5.19: Dorso-ventrale Röntgenaufnahme des kaudalen Abdomens einer Katze nach einer Bissverletzung durch einen Hund. Die linke Abdominalwand stellt sich unregelmäßig dar. Es sind Gaseinschlüsse im Bereich der Wunde sichtbar, die teilweise subkutan liegen und teilweise zwischen den abdominalen Organen sichtbar sind.

Tab. 5.5: Flüssigkeitsanalyse bei septischer Peritonitis

Analyse	Hinweise für septische Peritonitis
Hämatokrit	variabel
Totalprotein	>30 g/l
Zellzahl	>5000 Zellen/ml
Zytologie	• neutrophile Granulozyten, Makrophagen • intrazelluläre Bakterien • intrazelluläres Fremdmaterial
Glukose	>20 mg/dl niedriger als im Blut
Laktat	>2 mmol/l höher als im Blut

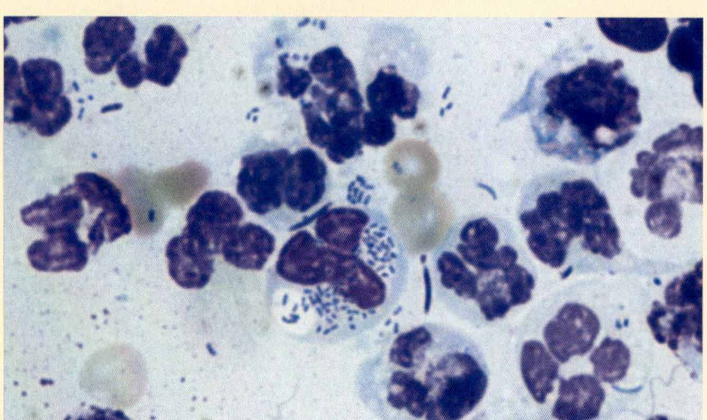

Abb. 5.20: Zytologische Untersuchung eines Exsudates nach perforierendem Abdominaltrauma (Bisswunde). Im neutrophilen Granulozyten können Bakterien (Mischflora) dargestellt werden. Der Nachweis von intrazellulären Bakterien ist diagnostisch für eine septische Peritonitis und bedingt eine chirurgische Intervention.

sein, in der Regel ist jedoch eine Linksverschiebung aufgrund der Entzündung/Infektion zu sehen. Thrombozytopenie oder Verlängerung der Gerinnungszeiten sind Hinweise für eine disseminierte intravasale Gerinnungsstörung aufgrund der generalisierten Entzündungsreaktion. Kreatinin- und evtl. Bilirubinwerte sind hilfreich, wenn ein Verdacht auf Harnwegs- oder Leber- bzw. Gallengangstraumata besteht (s. Kap. 5.1.3).

Bildgebende Diagnostik

Die bildgebende Diagnostik dient sowohl dem Nachweis einer abdominalen Perforation als auch der Identifikation der betroffenen Strukturen.

Auf dem abdominalen Übersichtsröntgen werden die Bauchwandkontur, das subkutane Gewebe und die Abdominalhöhle sorgfältig auf Anhaltspunkte für Lufteinschlüsse untersucht (Abb. 5.19). Freie Luft im Abdomen entsteht entweder nach Perforation der Bauchhöhle oder Ruptur des Gastrointestinaltraktes und ist immer eine Indikation für eine Laparotomie. Die freie abdominale Luft kann am einfachsten zwischen Magen oder Leber und dem Zwerchfell nachgewiesen werden.

Ultraschall kann bei der Darstellung und Punktion freier abdominaler Flüssigkeit hilfreich sein.

Abdominozentese, diagnostische Peritoneallavage und Flüssigkeitsuntersuchung

Eine perforierende Abdominalwunde führt zu einer Peritonitis mit Flüssigkeitsansammlung. Es müssen in jedem Fall eine Punktion und Flüssigkeitsanalyse sowie eine bakterielle Untersuchung durchgeführt werden.

Bei einer Peritonitis liegt allgemein ein Exsudat mit neutrophilen Granulozyten und Makrophagen als dominierenden Zelltypen vor (Tab. 5.5), die Anzahl variiert mit der Dauer der Infektion. Können intrazelluläre Bakterien dargestellt werden (Abb. 5.20), so kann die Diagnose einer septischen Peritonitis definitiv gestellt werden. Kann im Zusammenhang mit einer abdominalen Wunde Flüssigkeit dargestellt und/oder punktiert werden, so handelt es sich in der Regel um eine septische Peritonitis, auch wenn (noch) keine Bakterien nachgewiesen werden können. Die Messung von Glukose und Laktat im Abdominalpunktat und der Vergleich mit dem Blutwert kann auch hier hilfreich sein, wenn eine genauere Diagnostik notwendig ist. Wichtig ist, dass die Analyse anhand frisch gewonnener Flüssigkeit respektive frischen Blutes durchgeführt wird. Ist der Glukosegehalt in der Abdominalflüssigkeit >20 mg/dl (entspricht ca. 1 mmol/l) niedriger und/oder der Laktatgehalt >2 mmol/l höher als im venösen Blut, so handelt es sich um eine septische Peritonitis.

Bei negativer Vier-Quadranten-Punktion und persistierendem Verdacht auf Peritonitis kann als weiterer Schritt eine diagnostische Peritoneallavage (DPL) durchgeführt werden. Dabei werden unter sterilen Bedingungen 20 ml/kg warme isotone Infusionslösung – 0,9%ige NaCl-Lösung oder Ringer-Laktat – mit Hilfe eines großen Venenkatheters oder einer Peel-away-Kanüle und eines Foley-Katheters (Abb. 5.21) in die Abdominalhöhle infundiert und nach 15 Minuten wieder entfernt und untersucht.

Zum Ein- bzw. Ausschluss eines Uroabdomens oder einer Gallengangsverletzung können Kreatinin- und Bilirubinwerte der Abdominalflüssigkeit bestimmt und mit dem Blutwert verglichen werden (s. Kap. 5.1.3).

5.2.4 Stabilisation und Therapie

Die Therapie eines perforierenden Abdominaltraumas erfolgt chirurgisch mit Exploration der Wunde und intensiver Spülung des Abdomens. Vor einer Anästhesie und chirurgischen Intervention wird der Kreislauf stabilisiert. Aufgrund des hohen Proteinverlustes beim Vorliegen einer Peritonitis ist ein HAES-Dauertropf (1–2 ml/kg/h) zur Aufrechterhaltung des onkotischen Druckes von Anfang an indiziert.

Medikamentelle Therapie

Patienten mit perforierenden Abdominalwunden werden analgetisch und antibiotisch behandelt. Bis die Resultate der bakteriellen Untersuchung vorliegen, wird eine Breitspektrumantibiose gewählt. Verschiedene Kombinationen sind möglich, es sollten aber sowohl Gram-positive (Hautkeime) wie Gram-negative Erreger und Anaerobier (Darmflora) abgedeckt werden.

Chirurgische Therapie

Für abdominale Wunden gelten dieselben Grundlagen der Wundversorgung, wie in Kapitel 6.1 beschrieben. Die Wunde wird großzügig ausgeschoren und gewaschen. Der Zugang zum Abdomen erfolgt über die Linea alba, um eine komplette Inspektion des Abdomens zu ermöglichen. Sämtliche Organe sollten sorgfältig auf Verletzungen geprüft werden, da bei einem perforierenden Abdominaltrauma kein Organ verletzt sein muss, aber mehrere Organe betroffen sein können. Bei Schusswunden mit Darmverletzung sollte immer eine gerade Anzahl an Perforationen gesucht werden. Je nach Verletzung ist eine Teilresektion (z.B. bei Darmruptur), Omentalisierung (z.B. bei Pankreastraumata) oder nur eine Spülung des Abdomens indiziert. Das Abdomen wird aber in jedem Fall ausgiebig mit mehreren Litern Ringer-Lösung gespült.

In den meisten Fällen ist eine postoperative abdominale Drainage indiziert. Diese kann über ein sogenanntes offenes Abdomen oder über ein geschlossenes Drainagesystem erfolgen. Indikationen für ein offenes Abdomen sind unkontrollierbare Infektionsherde, die auf jeden Fall eine Reoperation benötigen. In den meisten Fällen hat sich die Drainage des Abdomens durch unter negativem Druck stehende Abdominaldrains, wie z.B. das Jackson-Pratt-System (Abb. 5.22), bewährt. Das unter negativem Druck stehende Reservoir führt zu einer kontinuierlichen Drainage der Flüssigkeit und erlaubt die Messung der produzierten Flüssigkeitsmenge sowie deren tägliche zytologische Untersuchung (Abb. 5.23). Penrose-Drains sind für die Drainage eines Abdomens nicht indiziert, finden aber bei der Drainage der Hautwunde eine Anwendung.

Das Abdomen wird routinemäßig verschlossen, die Hautwunde entweder offen gelassen oder mit einer Drainage versehen und verschlossen, ein Verband wird appliziert.

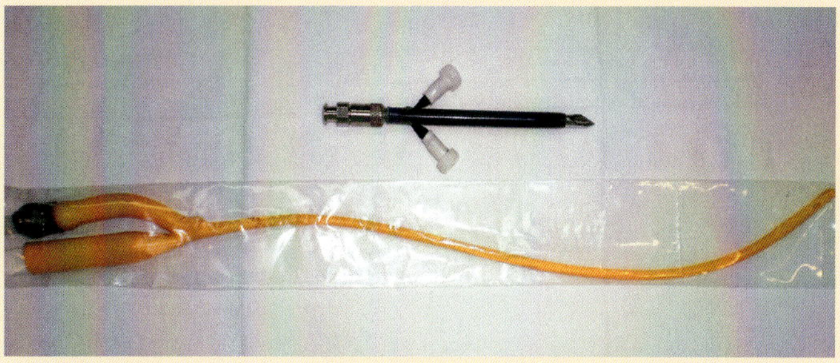

Abb. 5.21: Material zur Durchführung einer diagnostischen Peritoneallavage (DPL): Ein Foley-Katheter wird mit Hilfe einer Peel-away-Kanüle ins Abdomen eingeführt. Anschließend kann die Spülung erfolgen.

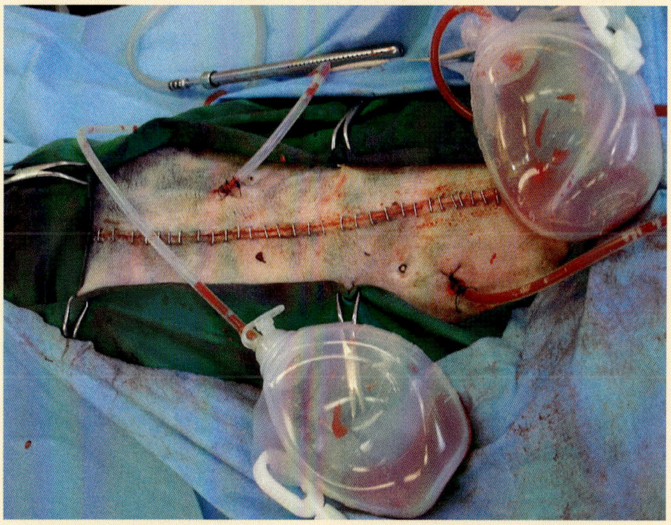

Abb. 5.22: Zur Drainage des septischen Abdomens werden zwei Jackson-Pratt-Drainagen gelegt. Die Eintrittslöcher befinden sich paramedian. Die flachen Drains werden mit einem Reservoir verbunden.

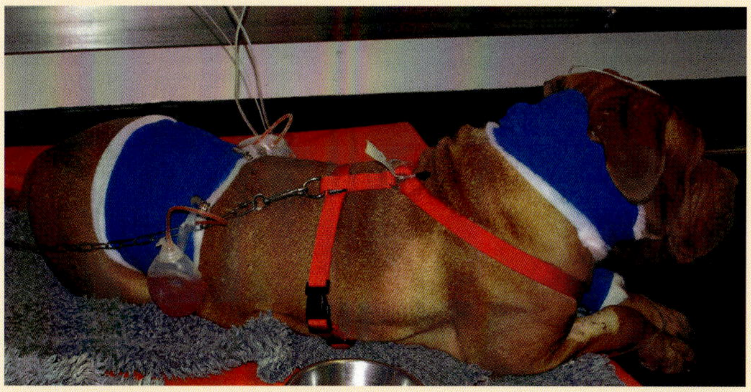

Abb. 5.23: Die Reservoirs müssen immer unter negativem Druck stehen, um eine kontinuierliche Drainage zu gewährleisten. Ein Einwegventil verhindert das Zurückfließen von Flüssigkeit. Der Verband sollte die Drains großzügig abdecken.

6 Evaluation und Stabilisation der Gliedmaßen

Mark Dickomeit

Flowchart zu diesem Kapitel siehe Seite 120

Gliedmaßenverletzungen sind häufige Folgen eines Traumas, in der Regel gehören orthopädische Probleme und Wunden jedoch nicht zu den lebensgefährlichen Verletzungen, weshalb die Stabilisation aller anderen Organe im Vordergrund steht. Ausnahmen sind Wunden im Zusammenhang mit dem Thorax und dem Abdomen, welche in den entsprechenden Kapiteln diskutiert werden. Im Anschluss an die Stabilisierung des Patienten können weitere Untersuchungen stattfinden.

Tab. 6.1: Klassifikation von Wunden in Grade I–IV

Grade	Klassifikation	Eigenschaften	Behandlung
Grad I	saubere Wunden (s. Abb. 6.1)	• nicht infizierte, nicht entzündete chirurgische Wunden • Respirations-, Verdauungs- oder Urogenitaltrakt nicht eröffnet	• primärer Verschluss, evtl. mit Drainage
Grad II	sauber-kontaminierte Wunden	• elektive Eröffnung Respirations-, Verdauungs- oder Urogenitaltrakt mit geringer Kontamination • chirurgische Eingriffe am nicht entzündeten Gallengangstrakt, Genitaltrakt und Oropharynx • geringgradiger Bruch in chirurgischer Asepsis	• Spülung des Wundbereiches • primärer Verschluss, evtl. mit Drainage
Grad III	kontaminierte Wunden (s. Abb. 6.2)	• frische (<4 h) offene traumatische Wunden • chirurgische Eingriffe mit deutlichem Bruch der Sterilität (z. B. offene Herzmassage) • grobe Verunreinigung mit gastrointestinalem Inhalt • Inzisionen bei akuter nicht purulenter Entzündung • chronische Wunden	• Wundbehandlung mit Spülung, mechanischer oder chirurgischer Wundtoilette • Nass-Trocken-Verbände • primärer Verschluss oder verzögerter primärer Verschluss mit Drainage • sekundärer Wundverschluss oder Wundheilung
Grad IV	schmutzige oder infizierte Wunden (s. Abb. 6.3)	• alte (>4 h) traumatische Wunden mit Restgewebe oder devitalisiertem Gewebe • purulente Entzündung (Abszess) • Wunden mit bestehender Infektion • Perforation der Viszera	• offene Wundbehandlung mit Spülung und mechanischer oder chirurgischer Wundtoilette • Nass-Trocken-Verbände • sekundärer Wundverschluss • Granulation und Epithelisierung

6.1 Wunden

Wundbehandlung kann in der Tiermedizin oft eine Herausforderung sein, es ist daher wichtig, dass die Behandlungsmethoden die Wundheilung fördern und diese nicht behindern. Die häufigsten Verletzungen, die als Notfall vorgestellt werden, sind Weichteilverletzungen, die mit Blutungen, Schock und der Gefahr einer Infektion einhergehen. Jede Unterbrechung des Zusammenhangs der intakten Haut, darunterliegender Weichteilstrukturen oder Körpermembranen – mit oder ohne Substanzverlust – wird als Wunde bezeichnet. Dieses Kapitel wird sich mit der Klassifizierung von Wunden (Tab. 6.1, Abb. 6.1–6.3), der generellen und spezifischen Behandlung von Wunden im Notfall und den spezifischen Problemen, die mit der Lokalisation der Wunde einhergehen, befassen.

6.1.1 Wundarten

Die traumatisch bedingten Wunden lassen sich folgendermaßen unterteilen:

- Abschürfwunden (Abrasionsverletzungen);
- Schnittwunden/Risswunden;
- Stichwunden/Schussverletzungen;
- Avulsionen/Hautablederungen;
- Traumatische Amputationen.

Viele Wunden sind eine Kombination aus zweien oder mehreren dieser Grundarten.

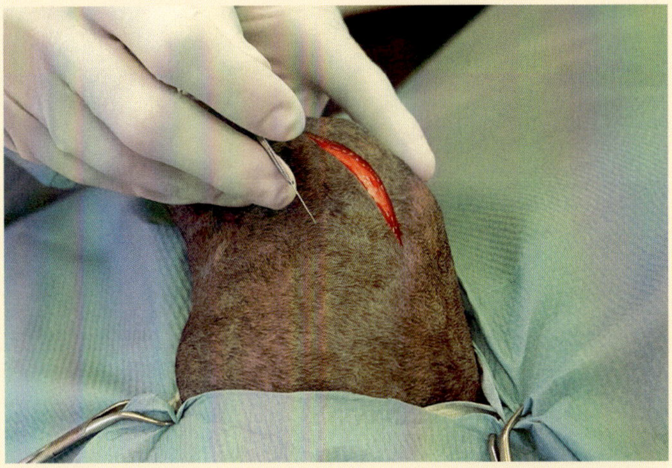

Abb. 6.1: Grad-I-Wunde: Chirurgische Inzision. Bei einem geringfügigen Bruch der Asepsis würde die Wunde in Grad II eingeteilt werden.

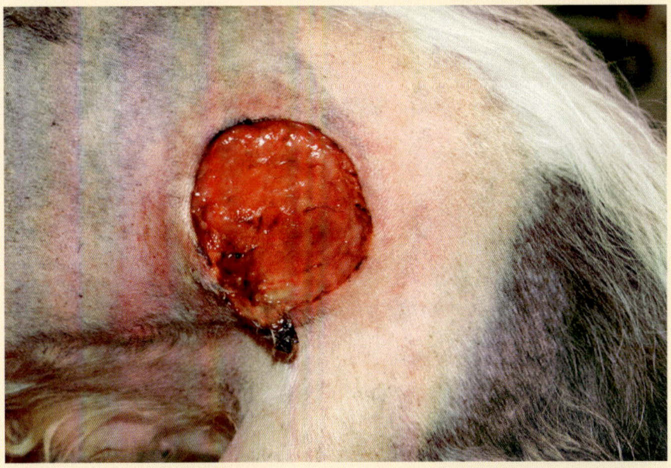

Abb. 6.2: Grad-III-Wunde: Risswunde oberhalb der Kniefalte eines Hundes.

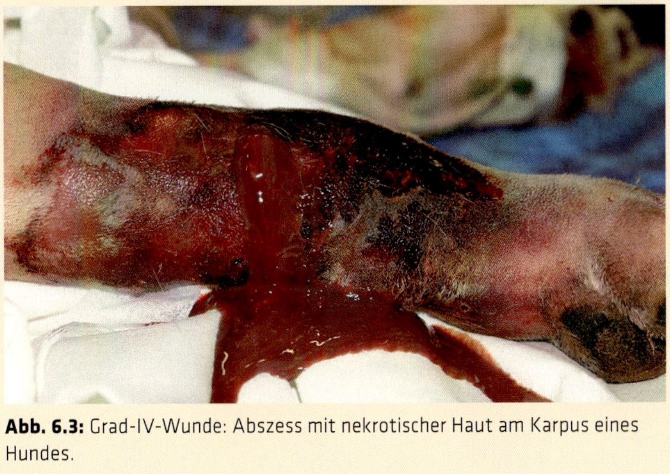

Abb. 6.3: Grad-IV-Wunde: Abszess mit nekrotischer Haut am Karpus eines Hundes.

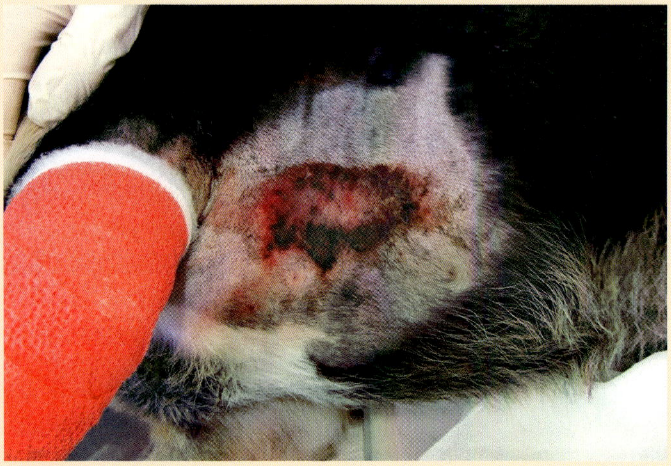

Abb. 6.4: Oberflächliche Abrasionsverletzung am seitlichen Thorax eines Hundes. Diese Verletzungen entstehen häufig bei Autounfällen, wenn das Tier auf dem Asphalt entlanggeschliffen wird.

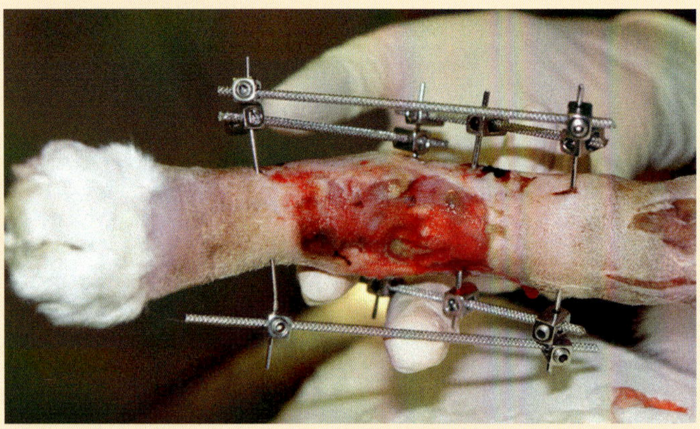

Abb. 6.5: Stabilisierung einer Tarsalluxation und Ruhigstellung einer Wunde mit einem Fixateur externe.

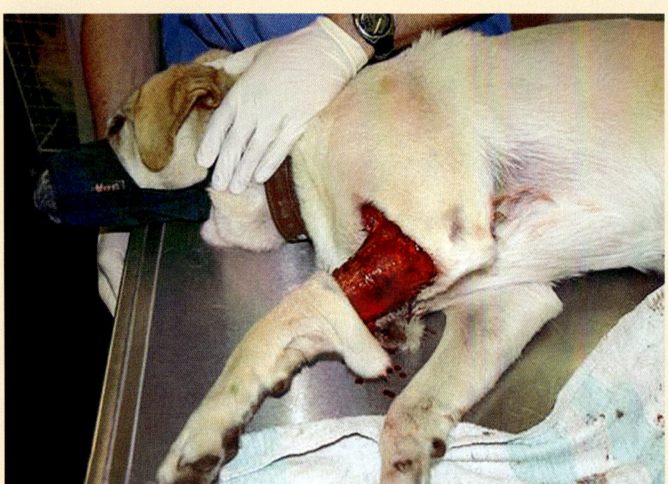

Abb. 6.6: Risswunde am Unterarm eines Hundes. Diese Verletzungen entstehen häufig durch stumpfe Objekte, u. a. durch Hängenbleiben (Zäune etc.) und Sich-Losreißen.

Abschürfwunden sind oberflächliche Verletzungen der verschiedenen Hautschichten mit variierender Tiefe, verursacht durch Reibungs- oder Scherkräfte (Abb. 6.4). Tiefere Schürfwunden können mit dem Verlust von tiefer liegenden Gewebestrukturen wie Bändern, Sehnen, Muskeln, Knochen und sogar dem Freilegen von Gelenken einhergehen. Die Versorgung orthopädischer Verletzungen mit einem Fixateur externe erlaubt eine bessere Behandlung der Weichteilverluste (Abb. 6.5). Wegen der Kontamination mit Bakterien und Fremdmaterial können sich diese Wunden leicht infizieren.

Schnitt- und Risswunden sind Zusammenhangstrennungen der Haut, die durch scharfe oder stumpfe Gegenstände (Glas, Metall, Holz, Stein) verursacht werden (Abb. 6.6). Bei Schnittwunden ist das umliegende Gewebe selten beschädigt. Durch die scharfe Durchtrennung von Blutgefäßen treten häufig Blutungen auf. Diese Form der Wunde infiziert sich wegen des Ausspülens der Bakterien durch die Blutung am seltensten. Risswunden dagegen haben unregelmäßige Wundränder und weisen eine Schädigung des darunterliegenden Gewebes auf, Quetschungen von Weichteilgewebe erschweren diese Wunden zusätzlich. Risswunden sind häufig infiziert aufgrund des Fremdmaterials, das in die Wunde hineingerieben wird. Tiefe Schnitt- oder Risswunden können auch mit Sehnen-, Nerven- oder Muskelverletzungen einhergehen.

Stichwunden werden durch penetrierende spitze Gegenstände (Zähne, Holz, Metall) herbeigeführt und lassen nur eine kleine oberflächliche Wundöffnung zurück. Ein Hundegebiss kann bis zu 27,5 bar Druck entwickeln, die resultierenden Wunden zeigen häufig eine starke Quetschung mit devitalisiertem Gewebe. Kleine Stichwunden bluten nur wenig, während größere Wunden zu starken inneren Blutungen führen können. Je nach penetrierendem Objekt kann Restmaterial (Holz, Rinde, Zähne, Haare) in der Wunde zurückbleiben oder Bakterien können durch einen Biss oder Stich in die Wunde eindringen. Um anaerobe Infektionen zu verhindern, sollten Stichwunden nie primär verschlossen werden.

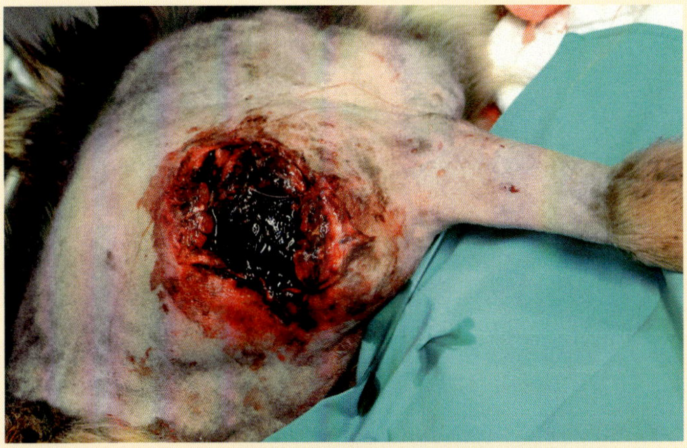

Abb. 6.7: Schussverletzung mit offener Humerusfraktur eines Hundes.

Schussverletzungen variieren im Ausmaß der Schädigung. In Abhängigkeit vom Kaliber und der Geschwindigkeit des Geschosses kann die Brandbeite von einer Bleikugel unter der Haut bis zu lebensbedrohlichen inneren Verletzungen reichen. Der Grad der Kontamination ist abhängig von der Geschwindigkeit des Geschosses, der Penetration innerer Organe und dem Ausmaß an Weichteilgewebeschäden (Abb. 6.7). Ein Geschoss, das das Abdomen penetriert hat, sollte immer exploriert werden, um eine gastrointestinale Perforation auszuschließen.

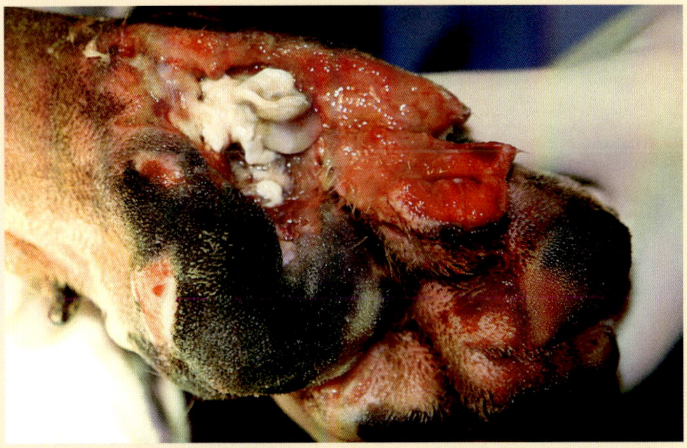

Abb. 6.8: Avulsionsverletzung an der Pfote eines Hundes.

Eine **Avulsion** ist das nichtchirurgische Abtrennen von Gewebe. Am häufigsten betroffen sind Krallen oder Zehen (Abb. 6.8). Diese Wunden können stark bluten, sind aber in der Regel nicht lebensbedrohlich.

Als **Hautablederung** wird das Abziehen der Haut von der subdermalen Befestigung bezeichnet, bei dem die Haut reißt oder häufig komplett verloren geht und das tiefere Gewebe bloßgelegt wird (Abb. 6.9). Die distalen Gliedmaßen und der Schwanz sind häufig betroffen, wenn sie unter Autoreifen oder in Türen, Zäunen oder Fallen eingeklemmt werden. Diese Wunden sind zunächst frei von bakterieller Kontamination, infizieren sich jedoch schnell, wenn sie nicht bald gereinigt und abgedeckt werden.

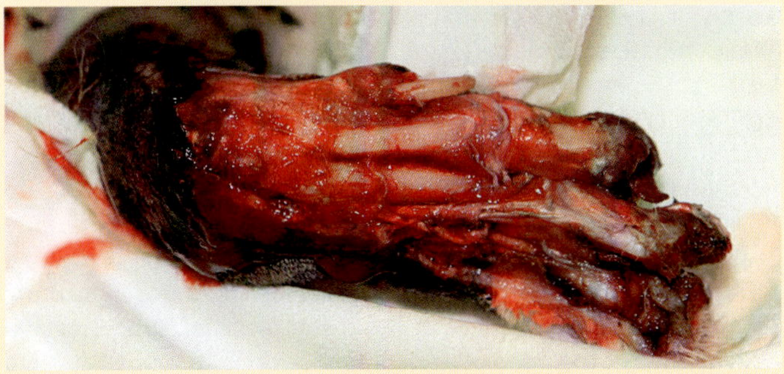

Abb. 6.9: Ablederungsverletzung an der Pfote einer Katze.

Traumatische Amputationen sind Verletzungen, die durch das traumatische Abtrennen von Gliedmaßen entstehen, z. B. durch Mähdrescher- oder Autounfälle (Abb. 6.10). Die entstehenden Wunden können stark bluten und sind häufig hochgradig mit Fremdmaterial kontaminiert.

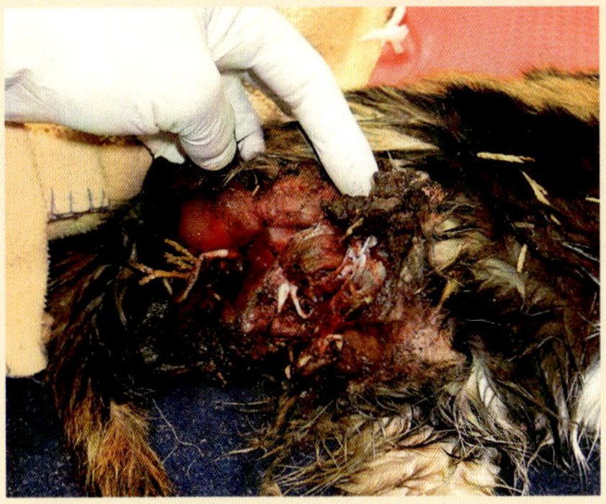

Abb. 6.10: Traumatische Amputation der Hintergliedmaße einer Katze.

6.1.2 Differenzialdiagnosen

Differenzialdiagnosen traumatischer Wunden sind:
- Allergien (z.B. Kontaktallergien, systemischer Lupus erythematodes);
- Neoplasien (z.B. Hauttumoren, Mammatumoren, Sertolizelltumor);
- Endokrine und metabolische Erkrankungen (z.B. Cushing, Hypothyreose);
- Medikamentell induzierte Hauterkrankungen;
- Intoxikationen;
- Parasitäre Erkrankungen (z.B. Hautmilben, Leishmaniose);
- Insektenstiche oder Schlangenbisse;
- Dermatosen.

6.1.3 Diagnostische Aufarbeitung

Nach der Einleitung stabilisierender Maßnahmen und einer Notfallblutuntersuchung sollten die Wunden auf Verletzung tieferliegender Strukturen untersucht werden. Knöcherne Strukturen und Gelenke können mit Röntgenbildern in zwei Ebenen oder computertomographisch evaluiert werden.

Wenn ein Tier mit akuten oder chronischen Wunden vorgestellt wird, sollte eine weitere Kontamination der Wunde zunächst verhindert werden. Während der klinischen Untersuchung und stabilisierenden Maßnahmen wird die Wunde mit einem leichten sterilen Verband abgedeckt. Dadurch wird einer Kontamination der Wunde durch Klinikkeime vorgebeugt. Eine angemessene Schmerzbehandlung mit Opioiden sollte ebenfalls eingeleitet werden (s. Kap. 7.1). Erst nach der Behandlung lebensbedrohlicher Probleme und der Stabilisierung des Patienten erfolgt die Wundevaluation. Häufig gehen mit Wunden neurologische Schäden und/oder Frakturen einher, der Patient sollte dementsprechend untersucht werden.

Bei der Evaluation von Wunden sollten verschiedene Faktoren berücksichtigt werden:
- Kann eine Rückkehr zur normalen Funktion gewährleistet werden?
- Sind bleibende Schäden zu erwarten (Lebensqualität des Tieres)?
- Welche Form der Wundbehandlung ist möglich und sinnvoll?
- Ausführliche Aufklärung des Besitzers bei hochgradigen Verletzungen:
  - Dauer der Behandlung (z. T. Monate);
  - Kosten der Behandlung;
  - Kosmetik;
  - Eventuelle Probleme (z.B. Sepsis, ggf. nowendige Amputation).

Zur vollständigen Evaluation einer Wunde bedarf es häufig einer Sedation oder kurzen Narkose. Kleinere Wunden lassen sich lokal anästhesieren (Lidocain 2 %).

6.1.4 Wundversorgung

Wundvorbereitung

Nach der Evaluation der Wunde beginnt die Wundversorgung mit dem Ausscheren und der Reinigung der Läsion. Häufig treten während des Ausscherens einer großen Wunde weitere kleinere Wunden zu Tage. Es sollten immer sterile Handschuhe getragen und der Wundbereich mit sterilen (wasserundurchlässigen) Tüchern abgedeckt werden. Wunden sollten immer weiträumig ausgeschoren werden (Abb. 6.11), um die Kontamination der Wunde mit Haaren zu verhindern. Gliedmaßenverletzungen werden zirkulär großzügig ausgeschoren. Vor dem Scheren sollte die Wunde mit einem wasserlöslichen Gel oder einem nassen sterilen Tupfer abgedeckt werden, damit keine Haare als kontaminiertes Fremdmaterial in der Wunde zurückbleiben, anschließend wird das wasserlösliche Gel mit einer sterilen Infusionslösung herausgespült. Mit einer sterilen Sonde oder Arterienklemme wird die Wunde nach Toträumen und Taschen abgesucht, da sich unter der Haut Serome, Hämatome und Abszesse formieren können.

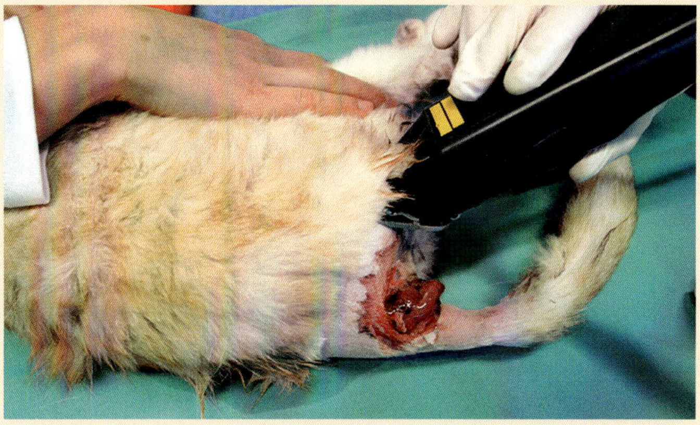

Abb. 6.11: Ausscheren einer Wunde in der Perinealregion einer Katze.

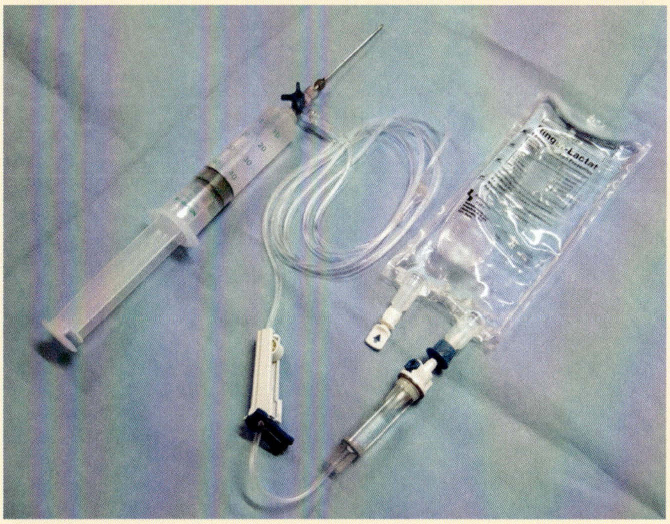

Abb. 6.12: Spülsatz, bestehend aus einer sterilen Infusionslösung mit Infusionsschlauch, Dreiwegehahn, 30-ml-Spritze und einer Spülkanüle.

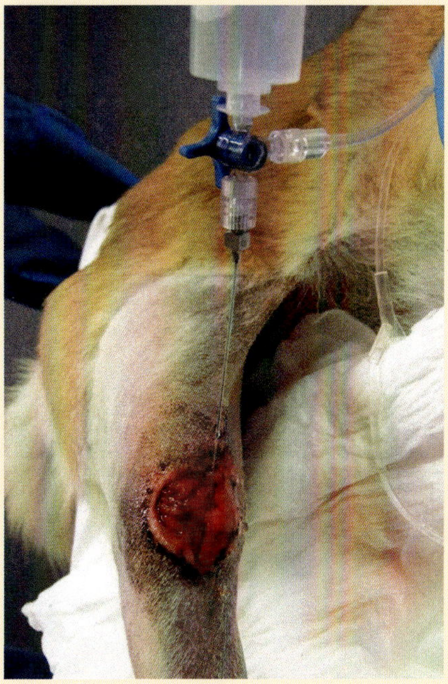

Abb. 6.13: Wundspülung der Kniewunde eines Hundes.

Wundspülung

Die Wundspülung dient der Entfernung von Fremdmaterial, der Reduktion der bakteriellen Kontamination, der Verdünnung chemischer Substanzen und der Rehydrierung des Gewebes. Grobe Verschmutzungen können vorab mit großen Mengen Infusionslösung oder sogar mit Leitungswasser und einer Brause entfernt werden, offensichtliches Fremdmaterial kann manuell mit einem sterilen Tupfer oder Instrumenten entfernt werden. Für die letzte Spülung wird eine sterile Infusionslösung verwendet. Die Spüllösungen sollten isotonisch und nicht zelltoxisch sein, Ringer- oder Kochsalzlösung werden am häufigsten eingesetzt. Spülungen mit alkoholhaltigen, antibiotikahaltigen oder antiseptischen Substanzen auf Seifenbasis sollten vermieden werden. Lokale Antibiotika bieten keinen Vorteil gegenüber systemischen Antibiotika und führen eher zur Resistenzbildung. Antiseptika (Wasserstoffperoxid, Chlorhexidin, Povidon-Iod) sollten nie direkt auf der Wunde angewendet werden. Der Effekt von Povidon-Iod auf traumatischen Wunden ist begrenzt, da Schmutzpartikel die Wirksamkeit stark reduzieren. Zudem haben Untersuchungen gezeigt, dass Antiseptika die Wundheilung eher negativ beeinflussen, da sie u. a. toxisch für Gewebezellen sowie weiße Blutzellen und Fibroblasten sind.

Das wichtigste an einer Wundspülung sind größere Mengen an Spülflüssigkeit, da hierdurch die bakterielle Kontamination erheblich reduziert werden kann. Warme Spüllösungen (37 °C) führen zu einer Vasodilatation und reduzieren dadurch das Infektionspotenzial weiter. Der Spüldruck sollte zwischen 0,4 und 0,55 bar liegen, damit kein Barotrauma entsteht und kein Fremdmaterial und/oder Bakterien in die Wunde hineingetrieben werden. Dazu eignet sich eine Spritze (35 oder 60 ml), die über einen Dreiwegehahn mit einem Infusionsbesteck mit Infusionslösung und einer 18-G-Kanüle oder Knopfkanüle verbunden ist (Abb. 6.12). Ist der Spüldruck zu hoch, treten während des Spülens flüssigkeitsgefüllte Bläschen im losen Weichteilgewebe auf, die bereits früh zu erkennen sind. Mit einer Knopfkanüle lassen sich tiefere Gewebetaschen erreichen und Fremdmaterial herausspülen (Abb. 6.13). Die Wundspülung sollte so lange durchgeführt werden, bis die Wunde makroskopisch sauber erscheint.

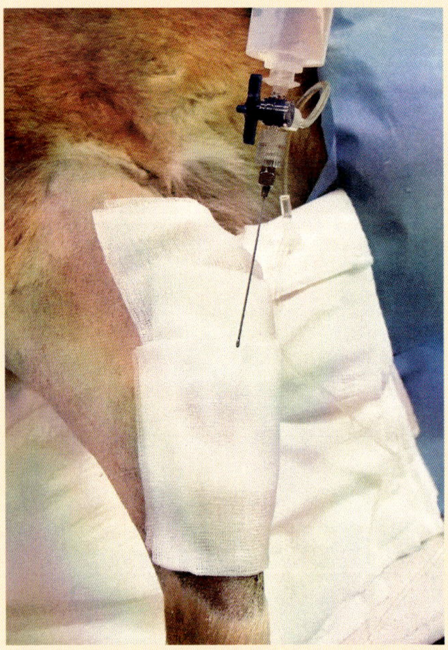

Abb. 6.14: Befeuchtung der Tupfer eines Nass-Trocken-Verbandes.

Nach der Wundspülung sollte eine tiefe Tupferprobe für eine bakteriologische Untersuchung und ein Antibiogramm entnommen werden. Bis zum Ergebnis der bakteriologischen Untersuchung wird das Tier unter Breitbandantibiose gesetzt. Die häufigsten wundbesiedelnden Bakterien sind Hautkeime, außer bei Verletzung in einem anderweitig bakteriell dominierten Milieu (z. B. Verletzungen des Magen-Darm-Traktes, kontaminierte Umgebung). Normalerweise ist die Behandlung mit Cephalosporinen der ersten Generation ausreichend, die antibiotische Behandlung ersetzt jedoch keine umfangreiche Wundspülung.

Wundtoilette

Ziel der Wundtoilette ist es, den Erregereintritt zu reduzieren, die Keimvermehrung zu verhindern und die Wundheilung voranzutreiben. Eine Vollnarkose ist für eine umfangreiche Wundversorgung notwendig, um die Wunde vollständig zu evaluieren und fachgemäß behandeln zu können.

Nach der Wundspülung wird die Wunde erneut inspiziert. Verbleibendes Fremdmaterial und verändertes bzw. nekrotisches Gewebe sollten entfernt und exponierte Nerven, Arterien, Venen oder Gelenke identifiziert werden. Es ist zu empfehlen, größere freiliegende Gefäße, Sehnen oder Nerven (z. B. A./V. femoralis, N. ischiadicus) zu ihrem Schutz mit Gewebe abzudecken. Gelenke sollten aggressiv gespült, Fremdmaterial entfernt und, sofern möglich, verschlossen werden. Wundbereiche mit freiliegendem Knochen brauchen länger zur Abheilung, da sich erst Granulationsgewebe über dem Knochen bilden muss, ehe eine Wundkontraktion und Epithelialisierung stattfinden kann oder eine Hautplastik möglich ist.

Mechanische Wundtoilette

Eine mechanische oder nichtchirurgische Wundtoilette wird in der frühen Phase der Wundversorgung häufig zusätzlich angewendet. Dabei werden Wundauflagen und Verbände zur Entfernung von Fremdmaterial eingesetzt, welches durch Spülung oder chirurgisch nicht erreicht werden kann. Die mechanische Wundtoilette ist eine nichtselektive physikalische Methode, nekrotisches Gewebe und Fremdmaterial durch mechanische Kraft zu entfernen. Nass-Trocken-Wundauflagen sind die einfachste Methode einer mechanischen Wundtoilette. Gazetupfer werden mit NaCl- oder Ringer-Lösung befeuchtet und auf die Wunde gelegt (Abb. 6.14). Das lose nekrotische Gewebe und Fremdmaterial wird in der Gaze eingefangen. Zusätzlich penetriert Wundsekret die Wundauflage, welches durch Verdunstung trocknet und eine Kruste bildet, an die sich die Gaze bindet. Die sekundäre trockene Wundauflage sollte weich und gepolstert sein, mit der Fähigkeit, das Wundsekret zu absorbieren. Der Verband sollte mindestens täglich gewechselt werden, bei stark kontaminierten Wunden sogar zweimal täglich. Bei Entfernung des Gazetupfers wird das eingebettete nekrotische Gewebe und Fremdmaterial mechanisch von dem Wundbett abgelöst. Eine ausgiebige Wundspülung sollte mit jedem Verbandswechsel einhergehen, um weiteres Fremdmaterial, Bakterien und loses nekrotisches Material zu entfernen.

Chirurgische Wundtoilette

Bei der chirurgischen Wundtoilette wird durch scharfe Präparation avaskuläres Gewebe entfernt (Abb. 6.15). Nach einem Trauma tritt häufig eine Vasokonstriktion der Blutgefäße ein, die bis zu 24 Stunden andauern kann. Daher ist eine umfangreiche chirurgische Wundversorgung direkt nach dem Trauma nicht zu empfehlen, da gesundes Gewebe irrtümlicherweise entfernt werden könnte. Bei einem späteren Wundverschluss könnte das fehlende Gewebe besonders an den Gliedmaßen eine wichtige Rolle spielen. Es ist folglich sinnvoll zu warten, bis sich der ischämische Bereich von dem gesunden Gewebe selbständig demarkiert hat. Dies kann ein bis zwei Tage dauern, eine Nekrose von zunächst noch aktiv blutendem Gewebe kann aber auch später noch eintreten.

Die chirurgische Wundtoilette sollte schichtweise durchgeführt werden. Mit einer Skalpellklinge (Größe 11 oder 15) lässt sich das oberflächliche Fremdmaterial zunächst abschaben und wegspülen. Oberflächliches nekrotisches Gewebe sollte zunächst entfernt werden, ehe eine Präparation in die Tiefe der Wunde stattfindet (Abb. 6.16). Das Gewebe sollte bis an den Rand des sauberen bzw. noch gut durchbluteten Gewebes exzidiert werden. Falls die Vitalität des Gewebes fraglich ist, so empfiehlt es sich, dieses zu entfernen. Nichtvitale Haut ist häufig schwarz, blau-schwarz oder weiß, nicht durchblutet, kalt und ohne Schmerzempfinden. Kontaminiertes Fettgewebe sollte radikal beseitigt werden, da es häufig schlecht vaskularisiert und entbehrlich ist und Bakterien beherbergt. Kleine Knochenfragmente einer offenen Fraktur sollten entfernt werden, da sie die Entwicklung von Granulationsgewebe behindern. Distale Extremitäten, die kalt und ohne Schmerzempfinden sind und sich nach ein bis zwei Tagen nicht verbessern, müssen eventuell amputiert werden. Stark kontaminierte Wunden brauchen häufig mehrere Wundspülungen und eine chirurgische Wundversorgung über mehrere Tage (Abb. 6.17).

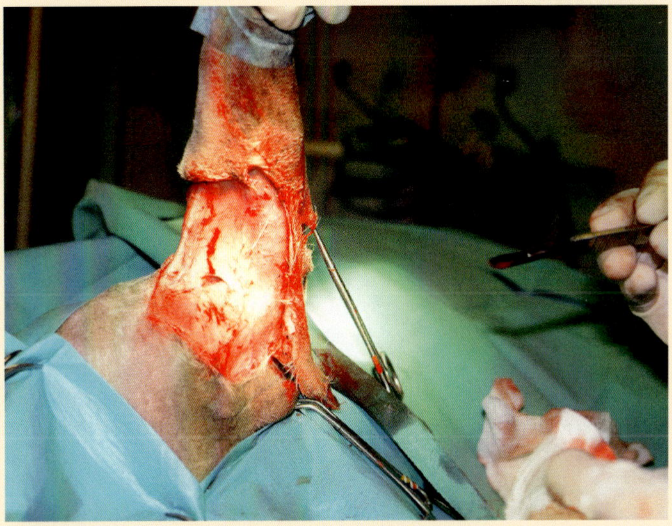

Abb. 6.15: Chirurgische Wundtoilette einer Risswunde am Unterarm eines Hundes.

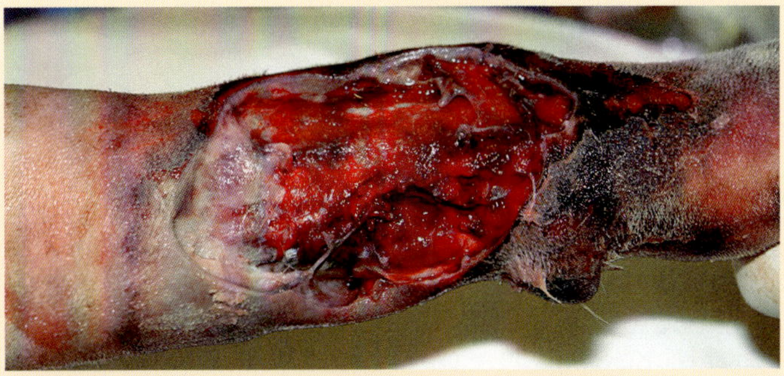

Abb. 6.16: Abszess nach erster Wundtoilette am Karpus eines Hundes.

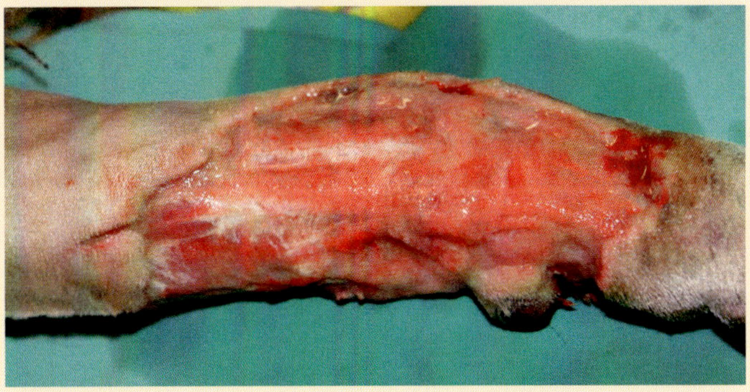

Abb. 6.17: Abszess nach vier Tagen Behandlung mit Nass-Trocken-Verbänden.

Wundverschluss

Die Entscheidung, eine Wunde zu verschließen, hängt von dem Grad der Kontamination, dem Alter der Wunde und der Menge an avaskulärem Gewebe ab. Es gibt vier Möglichkeiten eine Wunde zu verschließen:

- Primären Wundverschluss;
- Verzögerten primären Wundverschluss;
- Sekundären Wundverschluss;
- Sekundäre Wundheilung.

Vom Vernähen einer Wunde sollte man immer absehen, wenn man sich nicht sicher ist, ob ein primärer oder ein verzögerter primärer Wundverschluss erfolgreich sein wird. Als Nahtmaterial empfehlen sich monofilamentöse resorbierbare Fäden, in kontaminierten oder infizierten Wunden sind geflochtene nichtresorbierbare Fäden streng kontrainduziert.

Für einen **primären Wundverschluss** sollte der Patient in guter klinischer Verfassung sein und die Wunde sollte folgende Kriterien erfüllen:

- Frische Wunde (<4 h alt);
- Minimale Kontamination;
- Geringer Weichteilschaden.

Die Wundränder werden entweder mit einer Skalpellklinge aufgefrischt oder umschnitten, beim Vernähen sollte der Totraum verkleinert und eine gute anatomische Reposition der Wundränder erzielt werden. Frische oberflächliche Schnittwunden eigenen sich nach einer Wundspülung am ehesten für den primären Verschluss. Man muss aber damit rechnen, dass trotz Erfüllung aller Kriterien für den primären Wundverschluss gleichwohl eine Nekrose der Wundränder eintreten kann und die Wunde revidiert werden muss.

Häufig werden bessere kosmetische Resultate erzielt (z. B. am Augenlid), wenn die Wunde primär verschlossen werden kann. In Körperregionen, in denen verstärkte Bewegungen auftreten (Kniefalte, Achsel, Schwanzbasis), sollte zusätzlich eine Drainage für den Abfluss von Wundsekret eingesetzt werden. Großflächige Wunden können auch nur zum Teil primär verschlossen werden, um wichtige Strukturen (Gefäße, Nerven, Gelenke) abzudecken oder die Wunde zu verkleinern. Der offene Anteil der Wunde erlaubt dann das Abfließen von Wundsekret.

Ein **verzögerter primärer Wundverschluss** ist der Verschluss der Wunde nach drei bis fünf Tagen. In dieser Zeit werden häufig Wundspülungen und mechanische sowie zum Teil chirurgische Wundtoiletten durchgeführt, um die Erfolge der Wundheilung zu erhöhen. Wunden mit starken Quetschungen, hoher Kontamination bzw. ältere Schnittwunden sind Indikationen für einen verzögerten primären Wundverschluss.

Ein **sekundärer Wundverschluss** eignet sich für stark infizierte Wunden, Wunden mit schwerwiegender Nekrose oder bei Wunden, die durch Kontraktion und Epithelialisierung nicht verschlossen werden können. Der Wundverschluss findet frühestens nach fünf Tagen statt, wenn sich ein Bett aus gesundem Granulationsgewebe gebildet hat. Damit können die Heilungszeit verkürzt und ein besseres kosmetisches Resultat erzielt werden. Eine ausgiebige mechanische und chirurgische Wundtoilette und tägliche Verbandswechsel werden durchgeführt, bis sich ein Bett aus Granulationsgewebe gebildet hat. Dieses bildet eine Barriere gegen Infektionserreger und füllt Gewebedefekte aus. Nichthaftende primäre Wundauflagen sind wichtig, um das Granulationsgewebe zu schonen, und sollten täglich gewechselt werden. Wenn die Wunde sich zum Verschluss eignet, werden überschüssiges Granulationsgewebe und die Wundränder entfernt, die Wunde gespült und die frischen Wundränder über dem Granulationsgewebe adaptiert.

Eine **sekundäre Wundheilung** findet durch die Bildung von Granulationsgewebe, Kontraktion und Epithelialisierung der Wunde statt. Allerdings ist hier der Prozess aufwendiger, störanfälliger und beansprucht weitaus längere Zeit. Daher kommt eine sekundäre Heilung vor allem für Wunden infrage, die keiner großen Spannung ausgesetzt sind, sowie für kleinere Wunden an den Extremitäten.

Komplikationen

Peri- und postoperative Blutungen können zu Komplikationen der Wundheilung führen, unter anderem dienen sie als Nährboden für Bakterien. Sorgfältige Blutstillung während der Chirurgie und frühe Verbandskontrollen bzw. -wechsel sind daher wichtig. Die meisten Blutungen sind nicht lebensbedrohlich und lassen mit der Zeit nach. Bei länger andauernden Blutungen sollte das Tier auf Koagulopathien untersucht werden. Eine Wunddehiszenz kann bereits kurz nach der Operation (Lecken an der Wunde) oder – häufiger – mehrere Tage später auftreten. Die klinischen Anzeichen für eine Wunddehiszenz sind eine

Separation der Wundränder, entzündlich veränderte oder nekrotische Wundränder und serosanguinöser bis eitriger Ausfluss. Die Ursachen für eine Wunddehiszenz sind Infektionen, ungenügendes Débridement, mangelhafte chirurgische Versorgung (übermäßige Wundspannung, zu großer Totraum), übermäßige Beweglichkeit im Wundbereich, Serome, Hämatome oder Ödeme. Eine ausgeprägte Narbenbildung und Wundkontraktion während einer konservativen Wundbehandlung können, besonders über Gelenken, zu einer mechanischen Lahmheit führen. Um dies zu verhindern, sind Hautplastiken oder freie Hauttransplantationen in solchen Fällen empfehlenswert.

6.2 Frakturen und Luxationen

Frakturen sind bei Hund und Katze häufig keine lebensbedrohlichen Zustände. Obwohl die Frakturen und die möglicherweise begleitenden Wunden oft dramatisch aussehen, steht die Stabilisierung des Patienten (Thorax, Kopf/Wirbelsäule, Abdomen) an erster Stelle. Nach Berücksichtigung der potenziell lebensbedrohlichen Probleme sollte die Evaluation und Behandlung von Frakturen aber nicht außer Acht gelassen werden. Die vornehmliche Behandlung sollte darauf ausgerichtet sein, einen zusätzlichen Schaden an der Frakturstelle abzuwenden und eine Verschlechterung des Zustandes der beschädigten Strukturen zu vermeiden. Abhängig vom Ausmaß und Zustand der Fraktur ergibt sich die Prognose, die für die Wiederherstellung der Funktion, die Behandlungskosten und für die Besitzerentscheidung wichtig ist.

6.2.1 Klinik

Die häufigste Ursache für Frakturen oder Luxationen bei Hund und Katze ist ein direktes oder indirektes Trauma. Bei einem direkten Trauma bricht der Knochen oder luxiert das Gelenk an der Stelle der Gewalteinwirkung. Über der Bruch- oder Luxationsstelle ist die Haut oft gequetscht oder zerrissen (offene Fraktur) und es bestehen weitere Weichteilschäden (Abb. 6.18). Offene Frakturen werden nicht nur nach dem Grad der Größe der Wunde eingeteilt, sondern auch nach Verschmutzungsgrad, Grad der Nerven- und Gefäßschäden sowie dem Zersplitterungsgrad der Fraktur und periostalen Abschliffverletzungen. Eine hochgradige Splitterfraktur mit Weichteilquetschungen steht nicht immer in Relation zur Größe der Wunde.

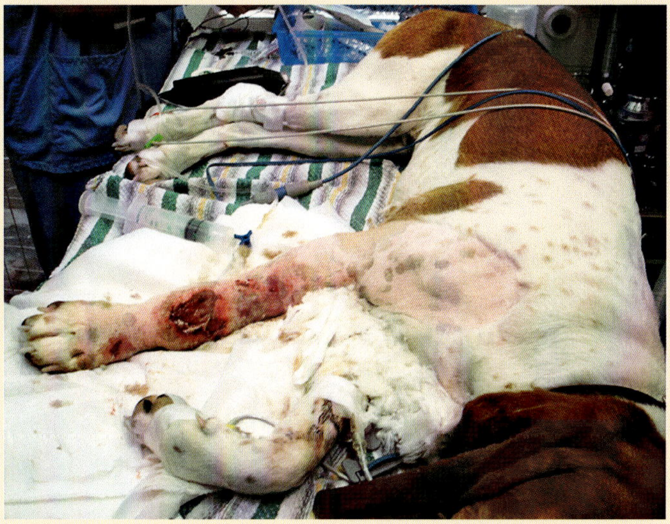

Abb. 6.18: Offene Karpusfraktur eines Hundes.

Nach der modifizierten Gustilo-Anderson-Klassifikation werden offene Frakturen in drei Grade unterteilt (Tab. 6.2). Dabei werden die Größe der Wunde, der periostale Weichteilschaden und Abschliff sowie das Ausmaß des vaskulären Schadens beurteilt. Leider wird die Größe des Tieres bei dieser Einteilung nicht berücksichtigt.

Indirekte Frakturen entstehen, wenn die Kraft fern von der Bruch- oder Luxationstelle wirkt und die Verletzung z. B. durch ruckartige Verdrehung verursacht wird. Die Weichteile bleiben über dem Fraktur- oder Luxationsbereich in der Regel unverletzt.

Tab. 6.2: Klassifikation der offenen Frakturen in drei verschiedene Typen mit einer Subunterteilung des Typs III

Typ	Beschreibung	Behandlung
I	• Wunde <1 cm • Ursache häufig ein die Haut penetrierendes Knochenstück, Fragment zieht sich häufig unter die Haut zurück, geringer Weichteilschaden • Fraktur ist in der Regel einfach, quer oder mit kurzer Schräge und geringer Zersplitterung	• Ausscheren und Spülung der Wunde • sterile Abdeckung • Prognose gut bei aseptischer Wundbehandlung und früher Fixation
II	• Wunde >1 cm • häufig durch äußere Einwirkung • Knochen nicht immer exponiert • umliegende Weichteile zum Teil stark beschädigt oder fehlend	• Ausscheren und Spülung der Wunde • chirurgische oder mechanische Wundtoilette • Prognose abhängig von Weichteilverletzung und Kontamination • verzögerter oder sekundärer Wundverschluss
III	• umfangreiche Schäden an Weichteilgewebe, Muskeln, neurovaskulären Strukturen; hoher Verschmutzungsgrad • hochgradige Verletzungen durch Hochgeschwindigkeitstraumata • hohes Maß an Zersplitterung und Instabilität	• Ausscheren und Spülung der Wunde • chirurgische oder mechanische Wundtoilette • Fixateur externe als chirurgische Stabilisierung sinnvoll • sekundärer Wundverschluss oder sekundäre Wundheilung
IIIa	• noch angemessene Weichteildeckung des gebrochenen Knochens	• wie bei Grad III • sekundärer Wundverschluss
IIIb	• umfangreiche Schädigung oder Verlust von Weichteilen • periostale Abschliffverletzungen und offenliegender Knochen mit massiver Kontamination und starker Zersplitterung	• wie bei Grad III • häufig sekundäre Wundheilung
IIIc	• wie IIIb, aber mit arteriellen Gefäßverletzungen • Prognose häufig schlecht	• wie bei Grad III • Amputation als Behandlungsoption

Ober- und Unterkieferfrakturen treten häufig in Zusammenhang mit einem Kopftrauma auf. Sie sind charakterisiert durch Schwellungen, Malokklusion der Zähne, blutigen Speichel oder Nasenausfluss und Abweichungen von der normalen anatomischen Knochenform. Pathologische Frakturen der Mandibula durch Osteolyse aufgrund mangelnder Zahnhygiene kommen häufig bei kleinwüchsigen Hunden vor.

Klinische Anzeichen für Frakturen und Luxationen sind:
- Schmerz, Schwellung, Bluterguss;
- Fehlstellung, Funktionsverlust, Bewegungseinschränkung oder -unfähigkeit des betroffenen Körperteils;
- Schonhaltung;
- Fehlstellung oder abnorme Lage des Knochens;
- Verdrehung, Achsenabknickung, Verkürzung von Gliedmaßen.

Die einzigen sicheren klinischen Zeichen für Frakturen sind Stabilitätsverlust und unnatürliche Beweglichkeit. Alle anderen Kriterien lassen sich auch bei der Verstauchung und Luxation von Gelenken finden. Die verschiedenen Frakturtypen sind in Tabelle 6.3 aufgeführt.

Tab. 6.3: Einteilung der Frakturtypen

Querfraktur	vollständiger Knochenbruch, Frakturlinie quer zur Längsachse des Knochens
Schrägfraktur	vollständiger Knochenbruch, Frakturlinie schräg zur Längsachse des Knochens
Spiralfraktur	vollständiger Knochenbruch, Frakturlinie spiralig zur Längsachse des Knochens
Stückfraktur	doppelter Bruch des gleichen Knochens, mit einem Knochenstück zwischen den beiden Frakturlinien
Trümmerfraktur	vollständiger Knochenbruch mit vielen kleinen Knochenfragmenten
Abrissfraktur	Abriss eines Knochensegments durch Zugkräfte, die über ein Band oder einen Sehnenansatz auf den Knochen wirken
Y-Fraktur	Fraktur mit drei Fragmenten und einem Y-förmigen Bruchspalt (häufig distaler Humerus und Femur betroffen)
Kompressionsfraktur	Fraktur infolge einer Stauchung in der Längsachse des Knochens
Grünholzfraktur	unvollständiger Biegungsbruch, bei dem das Periost ganz oder teilweise erhalten ist (s. Abb. 6.19)
Fissur	traumatisch bedingte Spaltbildung im Knochen ohne vollständige Knochendurchtrennung
pathologische Fraktur	vollständige Kontinuitätsunterbrechung eines pathologisch veränderten Knochens ohne Gewalteinwirkung (s. Abb. 6.20)
Ermüdungsfraktur	aufgrund chronischer äußerer Gewalteinwirkung auftretender Bruch, Ursache ist eine Knochengewebsschwächung durch rezidivierende Mikrotraumata
Epiphysenverletzung	Verletzungen der noch nicht verknöcherten Epiphyse

6.2.2 Differenzialdiagnosen

Beim Vorliegen klinischer Zeichen für Frakturen oder Luxationen muss auch an die folgenden Differenzialdiagnosen gedacht werden:
- Bandverletzungen (z. B. Kreuzband, Hyperextensionsverletzung, Gelenkseitenbänder);
- Muskelverletzungen (z. B. Quetschungen, Zerrungen und Risse);
- Entzündungen und Infektionen (z. B. Abszesse, Osteomyelitis, Polyarthritis);
- Neurologische Ursachen (z. B. Bandscheibenvorfälle, periphere Nervenläsionen);
- Angeborene Anomalien (z. B. Ellbogendysplasie, Osteochondrosis dissecans);
- Kompartmentsyndrom (selten);
- Neoplasien (z. B. Osteosarkom, Synovialzelltumor).

6.2.3 Diagnostische Aufarbeitung

Frakturen

Für die diagnostische Aufarbeitung sind die Lokalisation der Fraktur, ihre Relation zu anderen wichtigen Strukturen und der neurologische Status von großer Wichtigkeit sowie die Frage, ob es sich um eine offene oder geschlossene Fraktur handelt. Begleitverletzungen der Haut und tieferer Strukturen (Muskeln, Blutgefäße oder Nerven) sind bei direkten Frakturen nicht selten. Diese Begleitverletzungen können die Therapie häufig erschweren oder hinauszögern.

Die klinische Untersuchung gibt durch Krepitation, Schwellung und Fehlstellung der betroffenen Gliedmaße bereits Hinweise auf mögliche Frakturen. Häufig erlaubt der Allgemeinzustand des Tiers keine Vollnarkose zur vollständigen radiologischen Evaluation der orthopädischen Verletzungen. In den meisten Fällen gelingt jedoch ein Übersichtsröntgen am wachen Tier, welches über die Position und das Ausmaß der Verletzungen Aufschluss gibt. Lufteinschlüsse unter der Haut deuten auf offene Wunden hin (Abb. 6.19–6.21). Das Risiko einer Infektion einer offenen Fraktur hängt von der Höhe der Kontamination sowie des Schweregrades der Weichteilverletzung und der operativen Behandlung der Fraktur ab.

Komplexe Schädel- oder Gelenkfrakturen machen unter Umständen eine computertomographische Untersuchung nach der Stabilisation des Patienten erforderlich.

Luxationen

Röntgenbilder in zwei Ebenen geben Aufschluss über das Vorhandensein und die Richtung einer Luxation, zusätzliche Verletzungen sowie bereits bestehende Erkrankungen – wie z. B. eine Hüftgelenksdysplasie – die einen Einfluss auf die weitere Behandlung haben könnten.

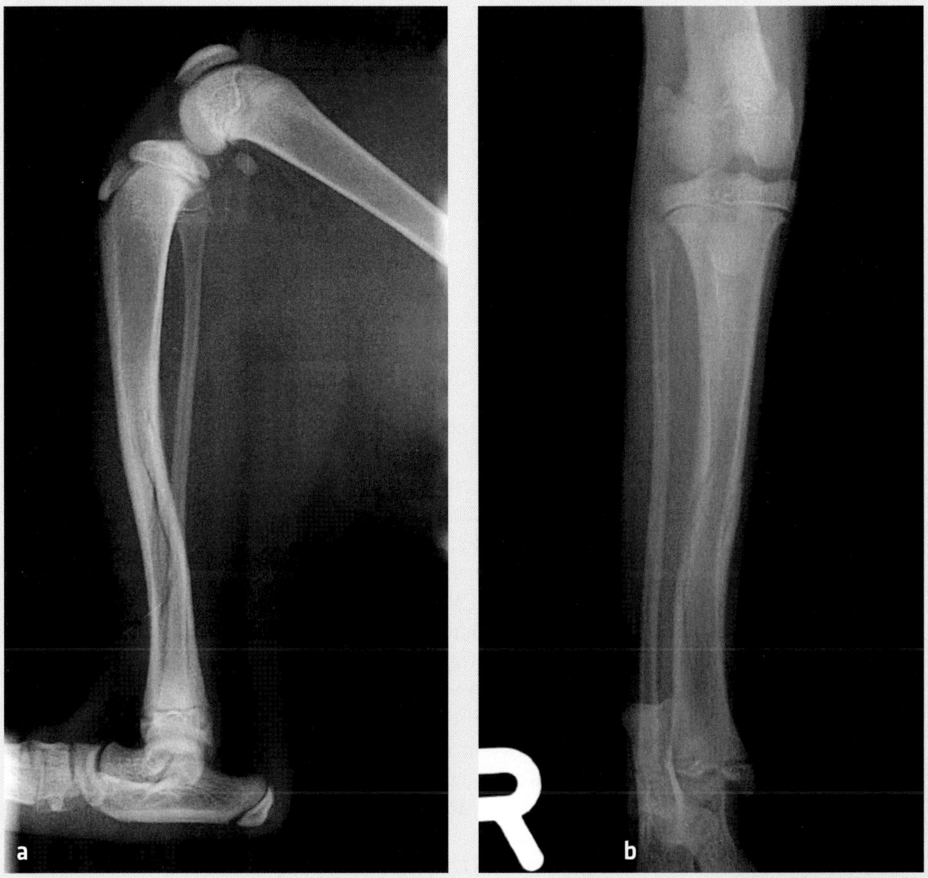

Abb. 6.19: Medio-laterale und kaudo-kraniale Röntgenaufnahme der Tibia/Fibula eines jungen Hundes mit Grünholzfraktur der Tibia. Eine Grünholzfraktur ist eine unvollständige Fraktur, die bei jungen Tieren aufgrund der Elastizität der Knochen auftritt. Bei Krafteinwirkung kann sich ein Teil des Knochens elastisch verformen, während der andere Teil durch die hohen Biegekräfte bricht. Das Periost bleibt dabei intakt oder reißt nur an der Bruchseite ein, so dass es zu keiner Dislokation der Fragmente kommt.

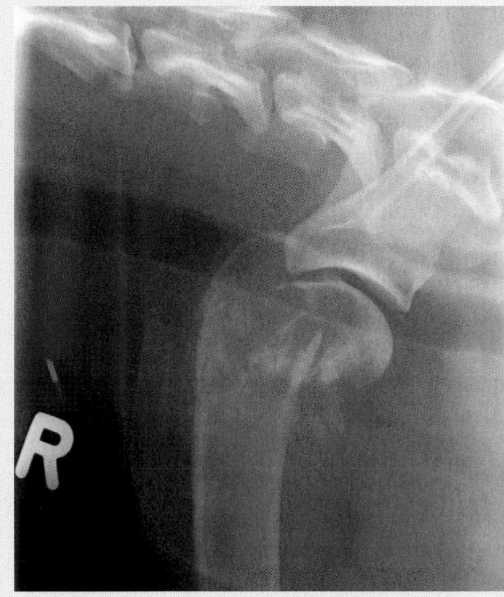

Abb. 6.20: Medio-laterale Aufname der rechten Schulter und des proximalen Humerus eines Hundes mit pathologischer Humerusfraktur (Osteosarkom). In der proximalen Metaphyse ist eine aggressive Knochenläsion mit lytischen Veränderungen und gemischten periostalen Zubildungen sichtbar, die zu einer „Spontanfraktur" geführt hat.

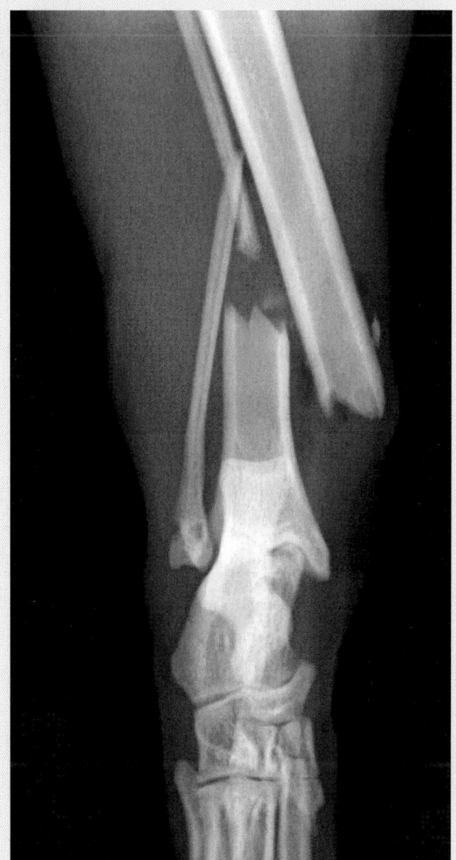

Abb. 6.21: Kaudo-kraniale Röntgenaufnahme einer distalen Querfraktur von Tibia und Fibula. Die Gaseinschlüsse im Bereich der Fragmentenden weisen auf eine offene Fraktur hin.

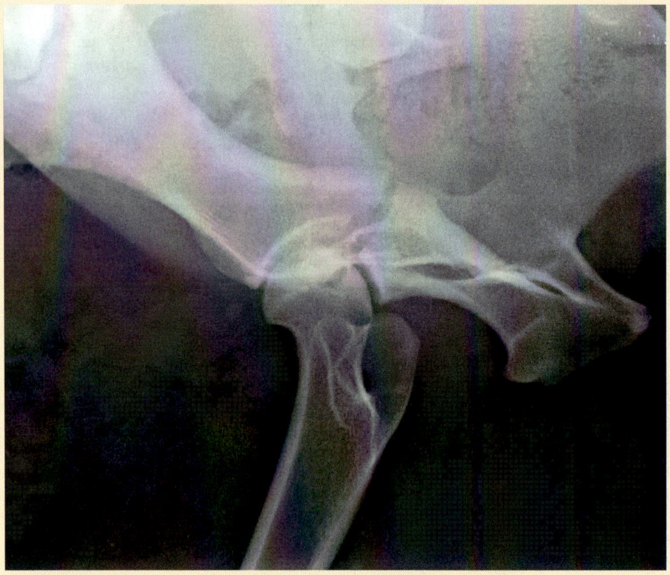

Abb. 6.22: Medio-laterale Röntgenaufnahme des proximalen Femurs mit Gelenkfraktur im Azetabulum eines Hundes.

6.2.4 Stabilisation und Therapie

Frakturen und Luxationen stellen häufig nicht das schwerwiegendste Problem des oft polytraumatisierten Patienten dar, die entsprechenden Vorgehensweisen wurden bereits beschrieben. Aber auch Frakturen allein können Grund für lebensbedrohliche Zustände sein, so können beispielsweise bei geschlossenen Femur- und Humerusfrakturen bis zu 30 % des zirkulierenden Blutvolumens am Frakturort versacken und ein – unbehandelt letales – Schockgeschehen auslösen. Daher ist auch hier der respiratorisch und hämodynamisch stabile Patient ein wichtiges Ziel. Je nach Zustand des Patienten und Grad der Schädigung sind zusätzliche Untersuchungen und Behandlungen einzuleiten. Ziele der weiteren Notfallbehandlung von Frakturen und Luxationen sind:

- Linderung von Schmerzen (Analgesie, Verbände, Beruhigung des Tieres);
- Immobilisation der Gliedmaße/Ruhigstellung des Tieres zur Stabilisierung der Fraktur und Unterbindung weiterer Schäden;
- Aufrechterhaltung/Wiederherstellung der Blutversorgung;
- Wundbehandlung offener Frakturen.

Nach oder während der Stabilisierungsphase sollten offensichtliche Wunden ausgeschoren, gereinigt und steril abgedeckt werden, um eine weitere Kontamination zu verhindern (s. Kap. 6.1). Sobald der Patient stabil ist, sollten eine orthopädische und eine neurologische Untersuchung erfolgen. Es ist jedoch zu bedenken, dass nach frakturbedingtem Funktionsverlust einer Gliedmaße, einem Schädel-Hirn-Trauma und nach Gabe von opioidhaltigen Analgetika der neurologische Zustand des Patienten evtl. nur eingeschränkt beurteilt werden kann.

Frakturen mit Weichteilverlust brauchen häufig eine frühe Stabilisierung, damit die Weichteile ruhiggestellt werden und abheilen können. Dazu eignet sich am besten ein Verband oder sogar ein Fixateur externe, der die Fraktur stabilisiert und eine weitere Wundbehandlung erlaubt. **Frakturen mit Gelenkbeteiligung** sollten möglichst früh chirurgisch behandelt werden (Abb. 6.22). Zur Erhaltung der Gelenkfunktion ist die genaue Einrichtung und Wiederherstellung der Gelenkflächen von größter Wichtigkeit.

Traumatisch bedingte **Oberkieferfrakturen** können häufig konservativ behandelt werden. **Erworbene Gaumenspalten** können konservativ behandelt werden, sofern dies nicht zu einer starken Malokklusion der Zähne führt. **Luxationen der Kiefergelenke** können normalerweise geschlossen reduziert werden und benötigen selten einen chirurgischen Eingriff.

Eine **isolierte Symphysiolyse der Mandibula** kann mit einer Zerklage einfach behandelt werden (Abb. 6.24). Komplexere Unterkieferfrakturen brauchen hingegen eine anatomische Rekonstruktion, Fixation und eventuell eine dentale Sanierung. Da besonders Katzen mit Schädeltrauma aufgrund des Verlustes des Geruchssinnes durch Schwellungen und Blutungen zur Anorexie neigen, bedarf es häufig einer parenteralen Ernährung durch eine nasogastrische oder ösophageale Sonde.

Luxationen sind häufig traumatisch bedingt und sollten, sobald das Tier stabilisiert wurde, behandelt werden (Abb. 6.23). Eine frühe Einrichtung einer Luxation in Narkose ist in jedem Fall erforderlich, um den Knorpel- und Muskelschaden, die Muskelkontraktion und periartikuläre Fibrosen zu minimieren. Luxationen gut bemuskelter Gelenke, wie z. B. Hüft-, Ellbogen- und Kiefergelenk und z. T. Schultergelenk, eignen sich zur geschlossen Reduktion. Das Ausmaß an begleitenden Muskel-, Bänder- und Sehnenverletzungen sowie Knochenabsprengungen hängt von der Stärke des Traumas ab. Verbände (Ehmer-Schlinge, Spica-Verband) dienen der Stabilisierung und verhindern eine Reluxation dieser Gelenke. Alle anderen Gelenke und diejenigen, welche nach Reposition erneut luxieren, benötigen jedoch eine chirurgische Versorgung.

Der Zeitpunkt der Behandlung einer Fraktur oder Luxation ist abhängig von verschiedenen Faktoren:

- Sofortige Behandlung: lebensbedrohliche Frakturen und Luxationen wie Wirbelsäulenfrakturen/-Instabilität, offene Frakturen mit hochgradigem Weichteilschaden, komplexe Schädelfrakturen;
- Behandlung innerhalb der ersten 24–48 Stunden: Gelenk- oder Epiphysenfrakturen sowie Luxationen, sofern der Patient stabil ist;
- Behandlung innerhalb von fünf Tagen: alle anderen Frakturen sowie offene Frakturen mit Weichteilverlusten profitieren von einer vorhergehenden Stabilisation des Tieres und ggf. notwendigen Wundbehandlung.

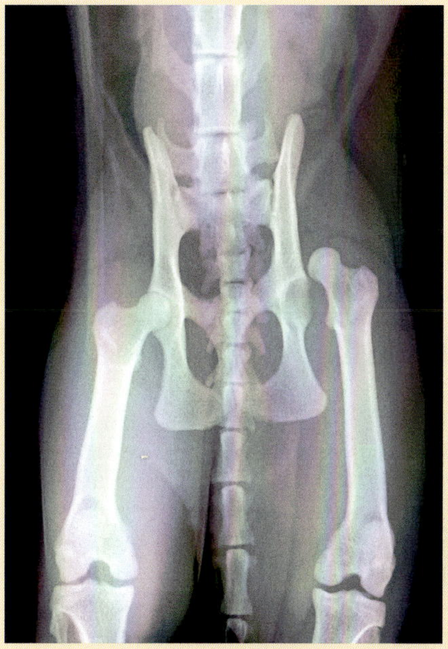

Abb. 6.23: Ventro-dorsale Röntgenaufnahme des Beckens einer Katze mit dorso-kranialer Luxation des linken Femurkopfes.

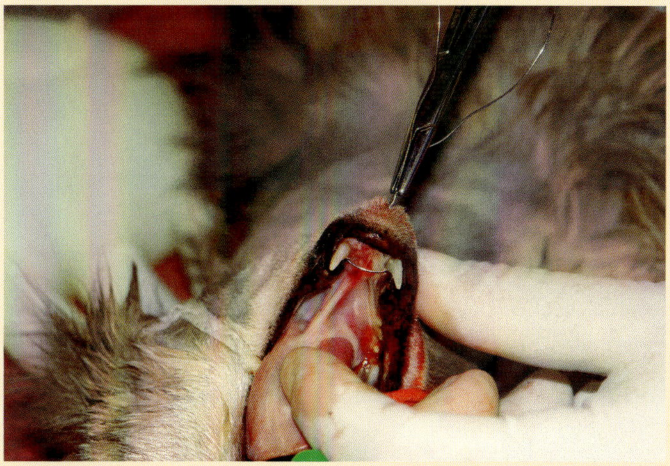

Abb. 6.24: Fixierung einer traumatischen Symphysiolyse der Mandibula einer Katze. Ein Zerklagedraht wird kaudal der Canini beidseits lateral der Mandibulaäste durch entsprechende Inzisionen aus der Maulhöhle geführt und ventral der Mandibula verdrillt.

Verbände und Schienen

Eine temporäre Stabilisation mit Verbänden oder Schienen (Cast, Metall, Plastik, Holz) schränkt die Bewegung im Fraktur- und Wundbereich ein, reduziert Schmerzen und verhindert weitere Komplikationen.

Einfache Verbände haben jedoch auch ihre Limitationen. Damit ein Verband die Beweglichkeit an der Frakturstelle unterbindet, muss das Gelenk proximal und distal der Fraktur immobilisiert werden. Daher sind Verbände nur für die Stabilisierung von Frakturen distal des Ellbogen- und Kniegelenks sinnvoll. Verbände, die über dem Ellbogen- oder Kniegelenk angebracht werden, können verrutschen und die Hebelwirkung auf diese Gelenke erhöhen. Zur Stabilisierung von Humerus- oder Femurfrakturen eignen sich Verbände nur bedingt. Die starken Muskelkräfte an der Hintergliedmaße verhindern die Immobilisation des Hüftgelenks und damit die sinnvolle Stabilisierung einer Femurfraktur. Eine Stabilisierung der Schulter oder Hüfte bis zur definitiven Behandlung ist im Allgemeinen nicht notwendig, da die umgebende Muskulatur genug Stabilität erzeugt. Nach der Reposition einer Hüftluxation ist die Ehmer-Schlinge jedoch eine sinnvolle Möglichkeit, das Gelenk zu immobilisieren. Sie führt zu einer Flexion des Hüft- und Kniegelenks und einer Innenrotation und Abduktion der Hintergliedmaße.

Robert-Jones-Verband (modifiziert)

Der **herkömmliche Robert-Jones-Verband** ist der am häufigsten verwendete Stützverband zur äußeren Stabilisierung einer Gliedmaße. Er wird zur Behandlung von Frakturen unterhalb des Knies und des Ellbogens verwendet. Er unterstützt die Heilung durch die Immobilisation der verletzten Strukturen, reduziert die Schwellung, absorbiert Wundsekret und schützt vor weiterer Traumatisierung. Nach mehreren Stunden oder wenigen Tagen verliert der Verband jedoch seine Kompressionsfähigkeit durch die Lockerung der Watte. Für eine sichere Stabilisierung einer Fraktur sollte der Verband daher nicht länger als ein paar Tage ohne eine stützende Schiene verwendet werden.

Der **modifizierte Robert-Jones-Verband** besteht aus weniger Polstermaterial und ist daher etwas flexibler. Diese Form des Verbandes ist häufig ausreichend, um eine Fraktur zu stabilisieren. Klebestreifen werden auf das distale Drittel der Gliedmaße geklebt, dabei wird der Klebestreifen in derselben Länge über die Zehen hinausragen gelassen (Abb. 6.25a). Ein Holzspatel kann zwischen die freien Enden des Klebebandes gelegt werden, damit sich diese leichter wieder trennen lassen. Die Ballen sollten mit Watte gut gepolstert werden. Die Wattelage (synthetisch) wird von distal nach proximal bis knapp über die Zehen reichend abgerollt, damit eine einheitlich dicke, nicht allzu feste Verbandsschicht entsteht (Abb. 6.25b). Es sollte beim Verbinden darauf geachtet werden, dass die Gliedmaße gerade bleibt und nicht in eine zu starke Pronations- oder Suppinationsstellung gebracht wird. Die Anzahl der Wattelagen hängt von der gewünschten Stabilität ab. Über den Wattelagen werden zwei bis drei Rollen Gaze angebracht. Die überstehenden Klebestreifen werden dann über der Gaze befestigt, um das Verrutschen des Verbandes zu verhindern (Abb. 6.25c). Die äußerste Schicht besteht aus einer wasserabweisenden elastischen Schicht (Abb. 6.25d). Das distale Ende des Verbandes bleibt zur Belüftung, und um Anzeichen einer Stauung feststellen zu können, offen (Abb. 6.25e).

Spica-Verband

Der Spica-Verband wird zur Immobilisation von Humerus, Schulter und Ellbogen (nach Ellbogengelenkluxation) eingesetzt, wobei abgewogen werden muss, ob die Manipulation des Patienten und das richtige Anbringen eines Spica-Verbandes bei einem schmerzhaften und verstörten Tier möglich und sinnvoll sind. Die Gliedmaße wird in voller Extension gehalten. Watte und Gaze werden in der gleichen Form wie beim Robert-Jones-Verband angebracht, wobei diese auch kranial und kaudal der Gliedmaße über die Schulter und um den Thorax geführt werden. Eine Schiene, die von den Zehen bis über das Schulterblatt reicht, wird kranial oder lateral der Gliedmaßenform angepasst und in den Verband mit eingebunden (Abb. 6.26).

Ehmer-Schlinge

Die Ehmer-Schlinge dient der Stabilisierung kraniodorsaler coxofemoraler Luxationen bei Hunden und Katzen. Sie führt zu einer Abduktion und internen Rotation des Femurs und zur Beugung im Knie, dabei verkürzt sie den Hebelarm des Hüftgelenks und vergrößert die Kontaktfläche im Kugelgelenk. Die Schlinge hat den Vorteil, dass sie den Femurkopf im Azetabelum stabilisiert, ohne das Gelenk zu immobilisieren. So kann das Tier das Hüftgelenk weiter beugen und strecken und die Ernährung des Knorpels ist dadurch nicht beeinträchtigt. Bei einer kaudoventralen Hüftluxation sollte die Ehmer-Schlinge nicht angewendet werden, da die Abduktion der Gliedmaße zur Reluxation führen kann.

Die Ehmer-Schlinge wird unter Verwendung einer selbstklebenden Binde an der gebeugten Hintergliedmaße in einer Achtertour angebracht. Die Pfote wird in die Schlinge gelegt, wobei diese vorher mit Watte gepolstert werden kann, um eine Schwellung zu vermeiden. Die Binde wird medial an der Tibia und lateral des Femurs vorbeigeführt. Normalerweise würde die Binde kranial über den Quadrizeps nach medial geführt und an der Pfote wieder befestigt. Leider tendieren die Binden dazu, über das Knie abzurutschen. Daher empfiehlt es sich, die Binde zusätzlich zwei- bis dreimal über den Rücken und um das Abdomen zu führen, um das Bein auch am Bauch zu fixieren. Die Schlinge sollte für zirka zwei Wochen appliziert werden. Nach Entfernung derselben sollte das Tier die Gliedmaße innerhalb von drei Tagen allmählich wieder belasten, bis zu weitere drei Wochen Leinenzwang sind danach einzuhalten.

Schienenverband

Verbände mit Schienen dienen der temporären Immobilisation von Gliedmaßen oder der primären Stabilisierung von distalen oder Grünholz-Frakturen. Wichtig dabei sind eine gute Polsterung der Gliedmaße vor Anbringen der Schiene und häufige Kontrollen des Sitzes des Schienenverbandes. Es ist darauf zu achten, dass die Schiene nah genug an der Gliedmaße liegt, um zu stabilisieren, jedoch weit genug entfernt (gepolstert), um keine Druckstellen zu verursachen. Die meisten Komplikationen durch Schienen sind geringgradig und äußern sich in Druckstellen, Rutschen des Verbandes oder Gliedmaßen- bzw. Pfotenschwellung.

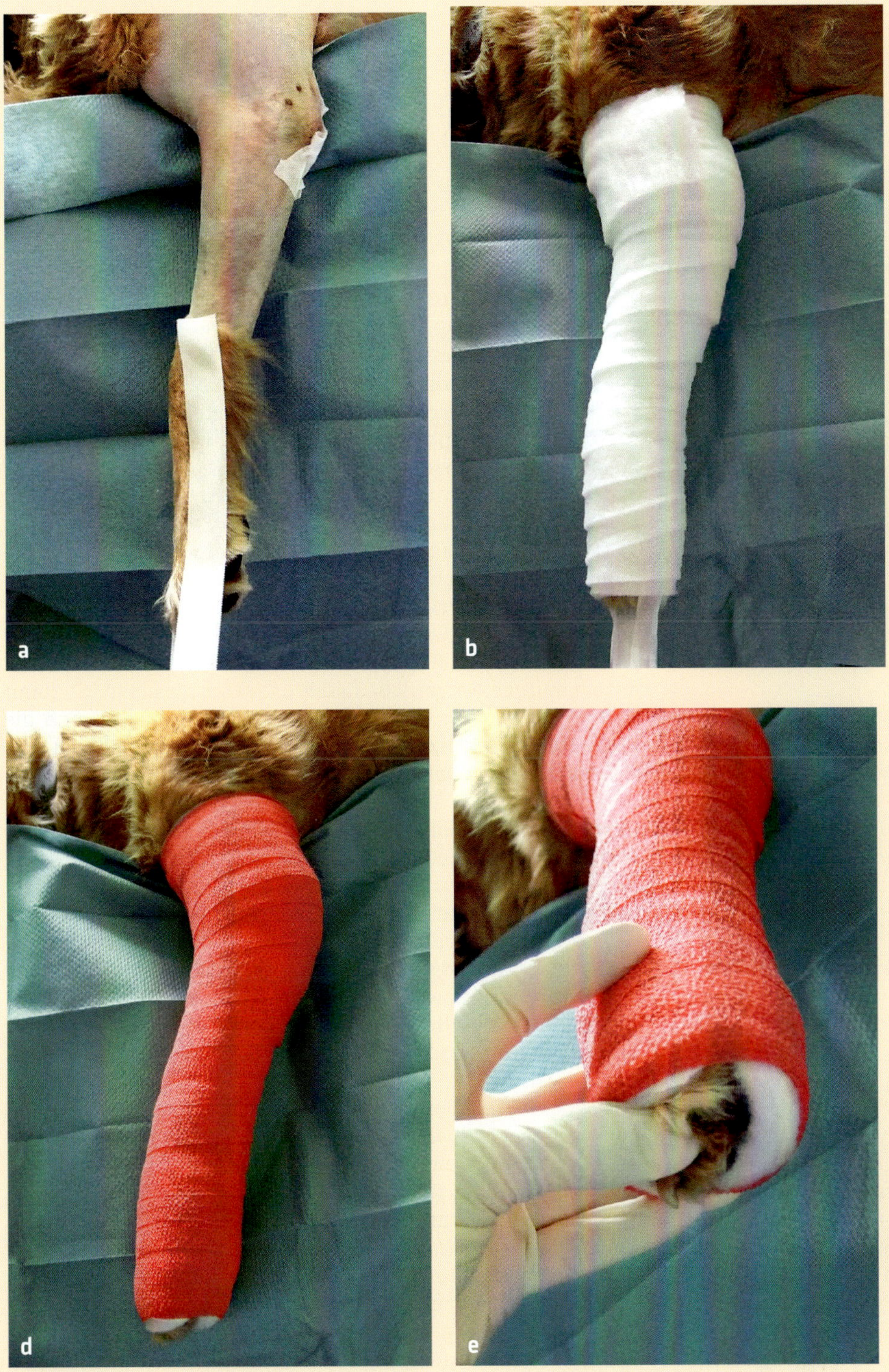

Abb. 6.25: Anlegen eines Robert-Jones-Verbandes.
a Anbringen von je einem Klebestreifen seitlich an der Pfote zur Verhinderung des Verrutschen des Verbandes.
b Anbringen einer Wattebinde, mehrlagig überlappend.
c Adaptieren der Watte mit Gaze und Befestigung der Klebestreifen.
d Anbringen einer selbsthaftenden, adaptierenden elastischen Binde.
e Die dritte und vierte Zehe werden frei gelassen zur Belüftung und Kontrolle einer evtl. Pfotenschwellung.

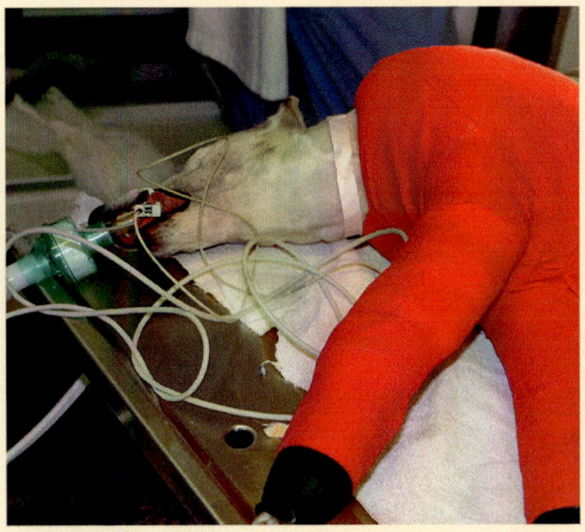

Abb. 6.26: Bilateraler Spica-Verband bei einem Hund.

7 Analgesie und Anästhesie

Isabelle Iff

Flowcharts zu diesem Kapitel siehe Seite 121/122

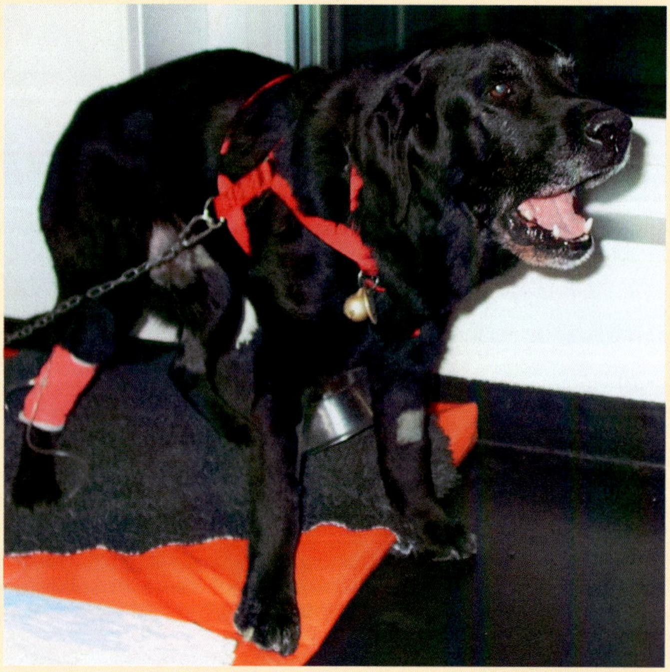

Abb. 7.1: Jaulen oder Bellen kann beim Hund ein Anzeichen akuten Schmerzes sein.

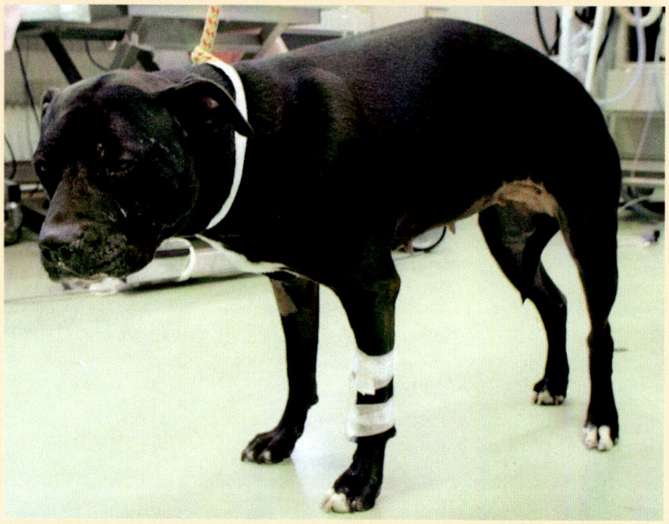

Abb. 7.2: Hund nach stumpfem Abdominaltrauma und resultierender Peritonitis: aufgezogenes Abdomen, eingezogener Schwanz, man beachte den Gesichtsausdruck mit leicht geschlossenen Augen.

7.1 Schmerz und Analgesie

Jedes Tier mit einem Trauma erleidet Gewebeschädigungen, die bei erhaltenem Bewusstseinszustand zu Schmerzen führen. Die pathologischen Vorgänge finden aber auch bei bewusstlosen Tieren statt. Pathophysiologisch werden zwei Gruppen solcher Schmerzreize unterschieden:

- Schmerzreize durch Erregung von Nozizeptoren durch Freisetzung intrazellulärer Substanzen bei Zellschädigung (z. B. Traumata, Ischämie) oder chemische oder physikalische Reize (z. B. Kompression bei Hämatomen oder Leberblutung ohne Kapselriss);
- neuropathische Schmerzreize bei direkter Schädigung von Nervenzellen (z. B. Nervenabriss, Rückenmarkskompression, ischämische Nervenschädigung).

Auch Blut im Abdomen oder im Auge wird beim Menschen als sehr schmerzhaft beschrieben.

Eine präventive Schmerztherapie, wie oft im perioperativen Bereich angewendet, ist beim Traumapatienten naturgemäß unmöglich, erfordert aber umso mehr eine frühe, zielgerichtete und agressive Schmerztherapie. Da Schmerz außerdem eine Differenzialdiagnose zum Schock ist, erleichtert eine adäquate Schmerztherapie die Evaluation des kardiovaskulären Systems. Oft sind Schmerzen jedoch schwierig zu diagnostizieren, gerade wenn das Bewusstsein nach einem Trauma oder im Schock vermindert ist.

Nach Aktivierung der Schmerzkaskade führen plastische Veränderungen des Nervensystems zur sogenannten Sensitivierung. Peripher erfolgt diese Sensitivierung durch Entzündungsfaktoren, zentral durch Rezeptoraktivierung (z. B. NMDA-Rezeptoren) und Veränderung von Nervenzellen in Rückenmark und Hirn. Sie kann in einer Verstärkung des Schmerzzustandes und einem Teufelskreis, welcher zu chronischem Schmerz führt, resultieren. Menschen, die ein komplexes regionales Schmerzsyndrom (**c***omplex* **r***egional* **p***ain* **s***yndrome*, CRPS) – eine chronische Schmerzerkrankung – entwickeln, haben zu über 50 % ein Trauma erlitten, das mit diesem Syndrom in Verbindung gebracht werden kann. Die frühzeitige Therapie von Schmerzen ist deswegen sehr wichtig. Unbehandelter Schmerz verlängert den Stress für den Organismus, beeinflusst zusätzlich die Immunantwort und kann sich somit negativ auf die Heilung auswirken.

Die häufig zitierte Aussage, dass der Schmerz eine physiologische Rolle spielt und Schmerz wichtig ist, damit es nicht zu einer Überlastung eines verletzten Körperteils kommt, ist von dem Moment an nichtig, in dem Tierärzte durch Boxenruhe, Verbände und weitere Maßnahmen einer nachteiligen Belastung vorbeugen. Außerdem ist es in der Regel unmöglich, Schmerzen komplett auszuschalten, eine gewisse Schutzfunktion bleibt somit erhalten. Es ist sowohl eine ethische Verpflichtung wie auch medizinisch indiziert, Schmerzen früh und adäquat zu behandeln.

7.1.1 Klinik

Die klinischen Zeichen von Schmerz sind durch die Aktivierung des sympathischen Nervensystems sowie Verhaltensveränderungen geprägt und können sich sehr verschieden darstellen (Abb. 7.1–7.4). Anzeichen akuten Schmerzes sind:

- Lahmheit, steifer Gang;
- aufgezogener Bauch, gekrümmter Rücken, tiefer Kopf, insgesamt gespannte Haltung;
- Aggression, Inappetenz, Immobilität (v. a. Katzen), Vokalisation, Reaktion auf Palpation;
- Tachykardie, Tachypnoe, Hypertension, Mydriasis.

Jedes der genannten Symptome kann, muss aber nicht vorhanden sein. Schmerzen können jedoch auch vorliegen, wenn keines der genannten Symptome erkennbar ist: „Schlachtfeldanalgesie", d. h., wenn durch Extremsituationen die Perzeption von Schmerzen durch Großhirnaktivität unterdrückt wird, kann Schmerzen kaschieren, auch wenn die peripheren Mechanismen der Nozizeption stattfinden.

7.1.2 Differenzialdiagnosen

Bei klinischen Zeichen von Schmerzen muss an folgende Differenzialdiagnosen gedacht werden:

- Schock;
- Atemprobleme (Pneumothorax, Liquidothorax);
- Aufregung, Stress;
- Hyperthermie;
- Sepsis.

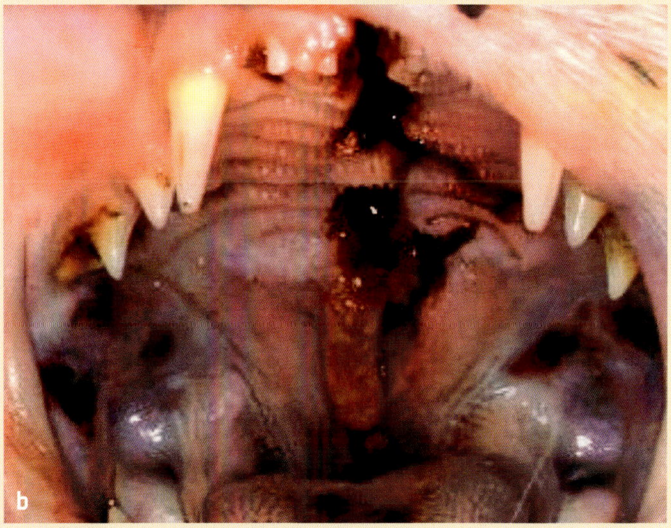

Abb. 7.3: Geringe äußerliche Verletzungen können nicht als Maßstab für den Schmerzgrad genommen werden.
a Die Katze mit einem Kopftrauma nach Fenstersturz zeigt Abrasion des Nasenplanums und Mydriasis. Geringe äußere Verletzungen verleiten dazu, das Tier als schmerzfrei anzusehen. **b** Die traumatische Gaumenspalte wird nach Öffnen des Mauls sichtbar und ist Zeichen eines schweren Traumas, somit liegen sicherlich Schmerzen vor.

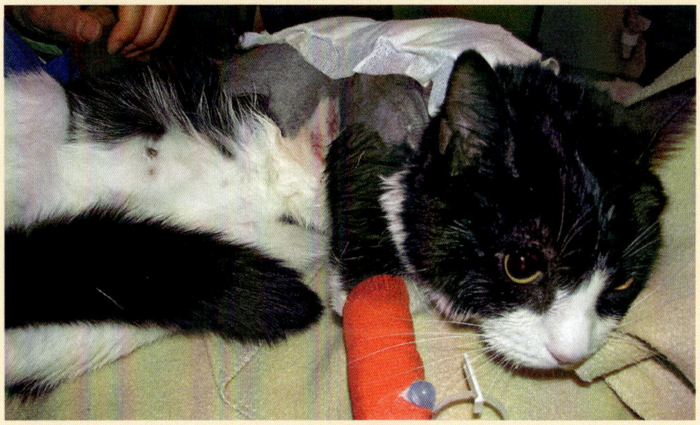

Abb. 7.4: Schmerzsymptome können auch sehr dezent ausfallen, wie bei dieser Katze nach Hundebiss: Sie liegt starr und bewegt sich nicht, zeigt aber Mydriasis.

SHORT FORM OF THE GLASGOW COMPOSITE PAIN SCALE

Dog's name ____________________

Hospital Number ________ **Date** / / **Time**

Surgery Yes/No (delete as appropriate)

Procedure or Condition____________________

In the sections below please circle the appropriate score in each list and sum these to give the total score.

A. Look at dog in Kennel

Is the dog?

(i)		(ii)	
Quiet	0	Ignoring any wound or painful area	0
Crying or whimpering	1	Looking at wound or painful area	1
Groaning	2	Licking wound or painful area	2
Screaming	3	Rubbing wound or painful area	3
		Chewing wound or painful area	4

In the case of spinal, pelvic or multiple limb fractures, or where assistance is required to aid locomotion do not carry out section **B** and proceed to **C**
Please tick if this is the case ☐ then proceed to C.

B. Put lead on dog and lead out of the kennel.

When the dog rises/walks is it?

(iii)	
Normal	0
Lame	1
Slow or reluctant	2
Stiff	3
It refuses to move	4

C. If it has a wound or painful area including abdomen, apply gentle pressure 2 inches round the site.

Does it?

(iv)	
Do nothing	0
Look round	1
Flinch	2
Growl or guard area	3
Snap	4
Cry	5

D. Overall

Is the dog?

(v)		(vi)	
Happy and content or happy and bouncy	0	Comfortable	0
Quiet	1	Unsettled	1
Indifferent or non-responsive to surroundings	2	Restless	2
Nervous or anxious or fearful	3	Hunched or tense	3
Depressed or non-responsive to stimulation	4	Rigid	4

Total Score (i+ii+iii+iv+v+vi) = ______

Abb. 7.5: *Glasgow Composite Measure Pain Scale:* Der Schmerzscore ergibt sich nach Beantwortung und Evaluierung der Fragen durch Zusammenzählen der numerischen Werte. Das Bewertungssystem wurde nur in englischer Sprache validiert und gilt nur für Hunde.

7.1.3 Diagnostische Aufarbeitung

Die Schmerzdiagnose ist bei Tieren sehr schwierig, aber gerade bei Traumapatienten sollte man sich im Zweifelsfall für die Schmerztherapie entscheiden. Häufig werden Schmerzen anhand der Erfahrungswerte der Tierärzte diagnostiziert. Beim Menschen gehört die Identifikation von Schmerz nach Puls, Atmung, Temperatur und Blutdruck als „fünfter Vitalparameter" zu jeder initialen Evaluation. Zur Verlaufsbeobachtung, Evaluierung eines therapeutischen Erfolges, zur Verständigung mit Studenten oder mehreren verschiedenen Betreuern kann es hilfreich sein, ein standardisiertes Bewertungssystem anzuwenden. Zur Diagnose akuter Schmerzen kann beim Menschen durch Selbsteinschätzung entweder ein numerischer Wert von 1–10 oder ein Eintrag auf der *visual analogue scale* erfolgen. Beim Hund kann die *Glasgow Composite Measure Pain Scale* verwendet werden (Abb. 7.5).

Der Therapieerfolg und die Beobachtung von verändertem Verhalten und der physiologischen Parameter nach Applikation eines Analgetikums sind oft die besten Indikatoren von Schmerz. Die Analgesie sollte bei Tieren im Schock immer verwendet werden, um das kardiovaskuläre System besser evaluieren zu können.

7.1.4 Stabilisation und Therapie

Alle traumatisierten Tiere sollten ein Analgetikum verabreicht bekommen. Es stehen Opioide, NSAID, Adjunktiva (andere Analgetika) und die Lokalanästhesie zur Verfügung.

Opioide

Opioide (Tab. 7.1) wirken an Opioidrezeptoren (OP) und bewirken Analgesie und leichte Sedation oder, in hohen Dosen bei nicht schmerzhaften Tieren, Euphorie. Drei verschiedene Opioidrezeptoren sind bekannt, die klinisch wichtigen werden in OP2 (früher κ) und OP3 (früher μ) Rezeptoren eingeteilt.

Reine OP3-Agonisten dienen zur Bekämpfung starker Schmerzen, je höher die Dosierung, desto stärker wirken sie analgetisch. Es bietet sich an, zur initialen Therapie beim Traumapatienten reine OP3-Agonisten anzuwenden. Buprenorphin hat als partieller OP3-Agonist eine starke Affinität zum Rezeptor sowie eine lange Wirkdauer, durch seine partielle Aktivität am Rezeptor ist Buprenorphin jedoch weniger stark wirksam. Butorphanol als OP2-Agonist wirkt eher schwach analgetisch, hat eine kürzere Wirkungsdauer und verdrängt wie Buprenorphin reine OP3-Agonisten vom Rezeptor. Unter den OP3-Agonisten hat Methadon (L-Methadon, ohne Zusätze) den Vorteil, dass es im Unterschied zu Morphin nicht zu einer Emesis führt und die intravenöse Administration im Gegensatz zu Morphin oder

Pethidin gefahrlos ist. Die Wirkdauer beträgt zwei bis sechs Stunden, ist zu einem gewissen Teil dosisabhänging und kann deshalb gut titriert werden.

Die wichtigsten Nebenwirkungen von Opioiden sind Bradykardie (vagal, v. a. beim normovolämischen Patienten), respiratorische Depression (beim Tier weniger ausgeprägt als beim Menschen und in niedrigen Dosierungen klinisch oft nicht relevant), Emesis (Morphin) und Nausea sowie die Freisetzung von Histamin (Morphin und Pethidin i. v.). Nausea sollte bei langer Inappetenz oder Salivation ohne andere Ursache mit einem zentral wirksamen Antiemetikum behandelt werden.

Als Kontraindikation für den Einsatz von Opioiden werden oft Kopftraumata gewertet, da es durch die Atemdepression zur Erhöhung des arteriellen Kohlendioxids und somit zu einer Erhöhung des intrakraniellen Druckes und einer Verschlechterung des neurologischen Status kommen könnte. Klinisch sind jedoch niedrige Dosierungen von Opioiden beim Tier bedenkenlos anzuwenden. Auch Thoraxtraumata stellen keine Kontraindikation zum Gebrauch von Opioiden dar, nach der Schmerzmedikation mit Opioiden wurde sogar eine verbesserte Atmung beschrieben, da die Thoraxexkursionen schmerzfrei wurden.

Merke: *Opioide sind der Grundstein der Schmerztherapie beim Traumapatienten, da sie wenig Nebenwirkungen haben und stark schmerzlindernd wirken.*

Tab. 7.1: Dosierungen Opioide

Opioid	Dosierung	Rezeptoren	Wirkungs-eintritt	Wirk-dauer	Bemerkungen
Methadon	0,1–0,5 mg/kg i. v./i. m. bzw. 0,05–0,1 mg/kg/h i. v.	OP3-Agonist	5 min (i. v.), 10 min (i. m.)	2–6 h	Wirkdauer dosisabhängig
Morphin	0,1–0,5 mg/kg i. m.	OP3-Agonist	10 min	2–6 h	Wirkdauer dosisabhängig
Dextromoramid	0,05–0,15 mg/kg i. v.	OP3-Agonist	5–10 min	1–4 h	
Pethidine	2–4 mg/kg i. m.	OP3-Agonist	10 min	1,5 h	ausschließlich i. m.
Fentanyl	0,002–0,01 mg/kg i. v. bzw. 0,002–0,02 mg/kg/h i. v.	OP3-Agonist	1–2 min	20 min	Dauertropf
Buprenorphin	0,01–0,03 mg/kg i. m./i. v.	partieller OP3-Agonist	30–45 min	6–8 h	*ceiling effect* (Sättigungseffekt)
Butorphanol	0,1–0,5 mg/kg i. m./i. v. bzw. 0,1 mg/kg/h i. v.	OP3-Antagonist OP2-Agonist	5–10 min (i. v.), 10 min (i. m.)	1–2 h	schwächere Analgesie

Tab. 7.2: Adjunktiva

Wirkstoff	Dosierung	Wirkdauer
Ketamin	0,5 mg/kg s.c. 0,012–0,03 mg/kg/h i.v.	
Gabapentin	5–10 mg/kg p. o.	8–12 h
Lidocain	0,6–3 mg/kg/h i.v.	
Medetomidin	0,001–0,01 mg/kg i.v. 0,001–0,005 mg/kg/h i.v.	45 min bis 1,5 h
Dexmede-tomidin	0,001–0,005 mg/kg i.v. 0,001–0,003 mg/kg/h i.v.	45 min bis 1,5 h

Hinweis: Bei Verabreichung von Dauertropfinfusionen sind regelmäßiges Monitoring und die Überprüfung der abgegebenen Menge wichtig!

Nichtsteroidale Entzündungshemmer

Nichtsteroidale Entzündungshemmer (NSAID) wirken durch Hemmung der Cyclooxygenase (COX) antiinflammatorisch und inhibieren Mediatoren wie Prostaglandine. Dadurch wird die Antwort auf die Zellschädigung reduziert und die periphere Sensitivierung vermindert. NSAID sind oft gut wirksame Schmerzmittel für Traumapatienten. Prostaglandine sind jedoch auch für die Integrität der Magen-Darm-Schleimhaut wichtig, ihre Hemmung kann in unterschiedlichem Maß zu Ulzerationen führen, besonders bei Vorschädigung der Schleimhaut (z. B. durch Schock oder Trauma). Eine weitere Funktion von Prostaglandinen im Körper ist die Aufrechterhaltung der Nierenperfusion bei niedrigem Blutdruck oder vermindertem Herzminutenvolumen. Deswegen sollten NSAID nie bei Tieren im Schock oder mit Hypovolämie angewendet werden, vor allem, wenn eine Anästhesie geplant oder möglicherweise notwenig ist: Akutes Nierenversagen wurde bei solchen Tieren beschrieben. NSAID sind ideale Therapeutika in der postraumatischen Phase und sollten Teil eines multimodalen Schmerzmanagements – d. h. der Administration von Analgetika, welche auf verschiedenen Ebenen der Schmerzleitbahn wirken – sein. Ihre Anwendung muss jedoch herausgezögert werden, bis der Patient kardiovaskulär stabil ist.

Andere Analgetika

Lidocain wirkt systemisch angewendet analgetisch und unter experimentellen Bedingungen wurden auch antioxidative und antiinflammatorische Wirkungen nachgewiesen. Lidocain kann zur Vasodilatation und somit zu einem Blutdruckabfall führen, wobei dieser bei der Katze und beim hypovolämischen Patienten stärker ausgeprägt ist. Lidocain kann auch zu Sedation und Nausea führen. Die Anwendung muss im Dauertropf erfolgen (vgl. Tab. 7.2).

Ketamin ist ein N-Methyl-D-Aspartat-Antagonist (NMDA-Antagonist). NMDA-Rezeptoren sind verantwortlich für plastische Veränderungen im Zentralnervensystem, welche zu chronischen Schmerzen führen können, und sind möglicherweise in Rückenmarksschädigung nach Trauma involviert. Zusätzlich kann Ketamin eine Opioidtoleranz verhindern bzw. aufheben, daher wird es oft in Kombination mit Opioiden verwendet. Es kann als subkutane Injektion oder als Dauertropf verabreicht werden (vgl. Tab. 7.2). Da es zur Atemdepression beitragen kann, sollte es bei Kopftraumata nur angewendet werden, wenn der pCO_2 überwacht wird.

Eine **Kombination von Methadon, Ketamin und Lidocain** in Ringer-Laktat kann als Dauertropf verabreicht werden (Tab. 7.3). Vorteile sind die multimodale Analgesie auf verschiedenen Ebenen der Schmerzkaskade und die Verabreichung per Infusomat bei gleichzeitiger Flüssigkeitstherapie. Nachteil ist die schlechte separate Steuerbarkeit der einzelnen Bestandteile.

Medetomidin und **Dexmedetomidin** sind α_2-Agonisten und können zur Sedation und Analgesie beim kardiovaskulär und respiratorisch stabilen Patienten eingesetzt werden. Sie potenzieren die respiratorische Hemmung von Opioiden und führen zu starken hämodynamischen Veränderungen. Deshalb werden Sie vor allem bei unkontrollierbaren Schmerzen bei sehr nervösen Tieren eingesetzt, häufig im Dauertropf (vgl. Tab. 7.2).

Weitere Analgetika, wie Gabapentin oder Amantadin, und andere Modalitäten, wie Physiotherapie und Akupunktur, können in der postoperativen Phase verwendet werden, um chronischen oder neuropathischen Schmerzen vorzubeugen oder sie zu therapieren.

Generell sind häufiges Monitoring und Reevaluationen des Patienten notwendig, um einen guten Effekt mit der kleinstmöglichen Menge Analgetikum zu erzielen.

Tab. 7.3: Dosierungen Methadon, Ketamin, Lidocain als MKL-Infusion: 0,05–5 ml/kg/h beim wachen Tier

MLK-Dauertropf	ml/500 ml Ringer-Laktat	mg/500 ml Ringer-Laktat	Dosis bei Infusion von 1 ml/kg/h
Methadon/Morphin (10 mg/ml)	2,5 ml	25 mg	0,05 mg/kg/h
Ketamin (100 mg/ml)	0,6 ml	60 mg	0,12 mg/kg/h
Lidocain 2 % (20 mg/ml)	15 ml	300 mg	0,6 mg/kg/h

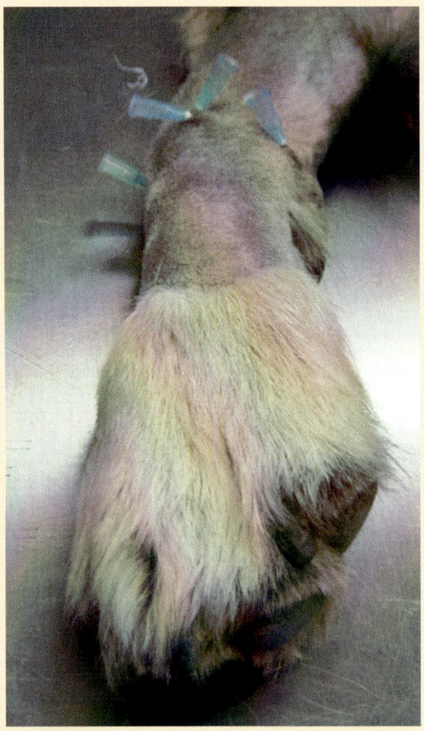

Abb. 7.6: Ein Ringblock kann zur Anästhesie von distalen Gliedmaßenverletzungen verwendet werden. Ein Lokalanästhetikum (Lidocain) wird zirkulär um die Gliedmaße subkutan appliziert. Die Kanülen zeigen die verschiedenen Injektionsstellen.

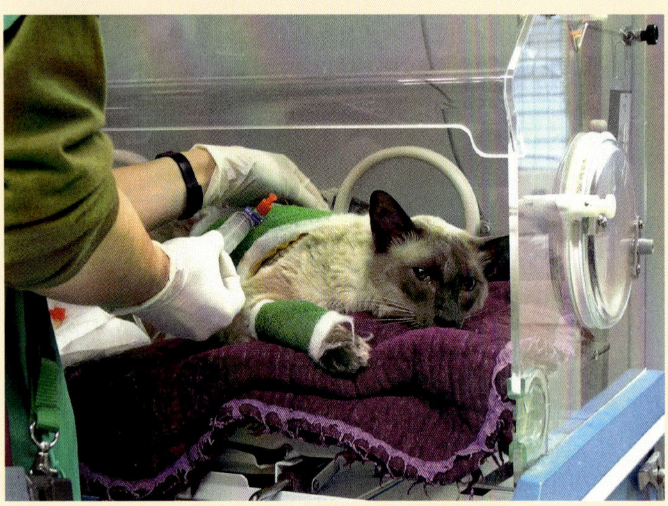

Abb. 7.7: Intrapleurale Analgesie via Thoraxdrain mit Lokalanästhetika. Nach dem Absaugen des Drains wird Bupivacain in den Drain gegeben und mit 5–15 ml (abhängig von der Draingröße) steriler NaCl-Lösung gespült. Die Applikation erfolgt steril.

Lokalanästhesie

Eine Lokalanästhesie wird während der akuten Traumaphase relativ selten angewendet, ist aber häufig in Kombination mit einer Allgemeinanästhesie ein wichtiger Teil des perioperativen Managements. Zusätzlich zur analgetischen Wirkung haben Lokalanästhetika antiinflammatorische und antimikrobielle Wirkungen.

Bei sehr starkem Trauma und schwer zu kontrollierenden Schmerzen im Abdominalbereich und im Bereich der Hinterextremitäten kann ein Epiduralkatheter gesetzt werden. Dies ist nur unter starker Sedation oder Allgemeinanästhesie durchführbar. Bei Verwendung von Lokalanästhetika kann es zu ausgeprägter Hypovolämie durch Vasodilatation kommen, deshalb sollte eine Epiduralanästhesie mit Lokalanästhetika nur bei kardiovaskulär stabilen Patienten durchgeführt werden.

Auch andere lokale Techniken – wie zum Beispiel die interpleurale Anästhesie, ein Ringblock (Abb. 7.6) oder andere Nervenblöcke der Extremitäten zur Wundversorgung – können Verwendung finden, meist nach initialer Stabilisation eines sedierten/anästhesierten Patienten. Eine Ausnahme ist die interpleurale Injektion von Lokalanästhetika bei Tieren mit einer Thoraxdrainage – beim Menschen ist eine Thoraxdrainage auch nach dem Setzen noch mit Schmerzen verbunden, beim Tier ist ebenso davon auszugehen – oder bei der Thorakozentese (Abb. 7.7). Bupivacain wird häufig intrapleural verwendet. Die Wirkdauer ist vier bis sechs Stunden, es werden 1 mg/kg KM pro Administration verwendet. Allerdings darf das Totraumvolumen des Drains nicht vergessen werden: Es muss nach erfolgter Applikation des Lokalanästhetikums mit einer entsprechenden Menge steriler Kochsalzlösung nachgespült werden. Die Verabreichung von Bupivacain sollte jeweils nach dem Absaugen des Thorax erfolgen und es sollten nicht mehr als 8 mg/kg/24 h verabreicht werden. Manche Tiere empfinden bei der Applikation von Bupivacain Schmerzen, daher kann Lidocain in einer niedrigen Dosierung fünf Minuten vorher injiziert werden.

Bei der definitiven Wundversorgung können Wundkatheter gelegt werden, über die eine Applikation von Lokalanästhetika im Dauertropf (z. B. Lidocain, Bupivacain) oder intermittierend (z. B. Bupivacain) erfolgen kann.

Andere lokalanästhetische Techniken finden im Notfall eher selten Anwendung.

7.2 Anästhesie des Traumapatienten

7.2.1 Anästhesierisiko

Das Risiko eines perioperativen Todesfalles liegt bei kranken Hunden und Katzen bei etwa 1,4 %. Dies ist zehnfach höher als beim gesunden Hund und fünffach höher als bei der gesunden Katze. Die perioperative Mortalität wird unter anderem durch folgende Faktoren gesteigert:

- Allgemeiner Gesundheitsstatus des Tieres (bis zu sechsfach höheres Mortalitätsrisiko);
- Dringlichkeit des operativen Eingriffs (zweieinhalbfache Risikosteigerung);
- Ausmaß des Eingriffs (fünffache Risikosteigerung);
- Alter des Tieres;
- Gewichtsextreme (sehr kleine und sehr große Tiere besonders gefährdet).

Der Gesundheitsstatus wird oft anhand einer adaptierten Form der ASA-Klassifikation (ASA = *American **S**ociety of **A**nesthesiologists*) beschrieben (Tab. 7.4).

7.2.2 Präoperative Überlegungen und Stabilisation des Patienten

Der Zeitpunkt einer erforderlichen Anästhesie und Operation muss sorgfältig abgewogen werden, die Entscheidung hängt dabei von vielen Faktoren ab. Es gibt nur wenig wissenschaftliche Literatur zu diesem Thema, nachstehend werden daher einige der wichtigen Faktoren zusammengefasst:

- Die systemischen Auswirkungen der Verletzungen eines polytraumatisierten Patienten werden oft in zwei Komponenten eingeteilt: das initiale Trauma (*first hit*) und sekundäre Gewebeschädigungen bei der chirurgischen Rekonstruktion von Weichteilen und Knochen (*second hit*). Eine Summation der systemischen Auswirkungen sollte vermieden bzw. reduziert werden, massive Blutungen sind daher die einzige Indikation für eine Anästhesie ohne komplette vorherige kardiovaskuläre Stabilisierung;
- Die Evaluation der vorhandenen Frakturen (v. a. lange Röhrenknochen, Wirbelsäule und Becken), das Ausmaß der Weichteilverletzungen sowie der Ein-/Ausschluss des Kompartmentsyndroms sind wichtige Punkte in der orthopädischen Evaluation. Früher wurde eine Stabilisation von Frakturen in den ersten 24 Stunden empfohlen, beim polytraumatisierten Menschen wurde jedoch festgestellt, dass eine zu frühzeitige Chirurgie zu einer erhöhten Mortalität führen kann. Dies hat zur Entwicklung der sogenannten *damage control*-Orthopädie geführt: Bei kurzer Operations-

Tab. 7.4: Gesundheitsstatus nach adaptierter ASA-Klassifikation (ASA = *American Society of Anesthesiologists*)

Gruppe	ASA-Beschreibung	Traumapatient (typisches Beispiel)
ASA 1	normaler gesunder Patient	-
ASA 2	Patient mit milder systemischer Erkrankung	Patient mit Blutergüssen und Wunden, keine Anzeichen von kardiovaskulärer oder respiratorischer Beteiligung
ASA 3	Patient mit schwerer systemischer Erkrankung	Patient mit Kopftrauma und Blutverlust, aber stabiles kardiovaskuläres System
ASA 4	Patient mit schwerer lebensbedrohlicher Erkrankung	Patient mit Polytrauma und signifikantem Blutverlust, Rippenfrakturen und Lungenkontusionen
ASA 5	moribunder Patient, welcher ohne Operation nicht überleben würde	Patient mit Polytrauma mit einem offenen Thorax und/oder massivem Blutverlust aus einem großen Gefäß

dauer wird eine limitierte temporäre Stabilisation der Frakturen durchgeführt, welche so schnell wie möglich nach dem Trauma und der initialen hämodynamischen Stabilisierung erfolgt, besonderes Augenmerk gilt hierbei der präoperativen Normothermie und dem normalen Koagulationsverhalten des Blutes. Zusätzlich ist bei einem Thoraxtrauma zu bedenken, dass sich die Lungenfunktion durch intramedulläre Nagelung verschlechtern kann. Chirurgische Eingriffe beim polytraumatisierten Patienten zwei bis vier Tage nach dem Trauma können eine höhere Komplikationsrate haben, daher wird in der Humanmedizin eine Verzögerung der definitiven Chirurgie um bis zu sechs Tage bei schwer polytraumatisierten Patienten beschrieben. Zusätzlich kann es vor allem bei Tibiafrakturen zu Komplikationen beim Wundverschluss kommen, da das Gewebe posttraumatisch bis zu acht Stunden lang weiter anschwillt;
- Wirbelsäulenfrakturen sollten baldmöglichst stabilisiert werden, die Technik der temporären externen Fixation ist beim Tier jedoch nicht so weit fortgeschritten wie beim Menschen;
- Instabile Beckenfrakturen stellen eine Ursache für starken Blutverlust dar, eine frühe Operation kann beim hämodynamisch instabilen Patienten indiziert sein;
- Offene Frakturen werden traditionell als Notfall gehandhabt. Hierzu gibt es nur wenige wissenschaftliche Studien, beim Menschen scheinen aber die frühzeitige intravenöse Antibiose und die Stabilisation des Notfallpatienten wichtiger zu sein als der Zeitpunkt der Frakturversorgung;
- Instabile Frakturen sind auch eine Quelle von Schmerzen. Dies sollte bei der Entscheidung über den Operationszeitpunkt berücksichtigt werden;
- Eine Notoperation ist beim Hämoabdomen nur sinnvoll, wenn eine massive Blutung vermutet wird: Kleinere Blutungen werden oft wegen der anästhesiebedingten Hypotension intraoperativ nicht gefunden und eine Anästhesie kann den Zustand des Patienten stark beeinträchtigen.

Allgemein wird eine Sedation im Vergleich zur Allgemeinanästhesie als weniger gefährlich empfunden, hierfür gibt es jedoch keine Belege in der Literatur, dasselbe gilt für den Vergleich von multiplen Anästhesien und Sedationen. Beim polytraumatisierten Patienten kann die endotracheale Intubation bei der Allgemeinanästhesie durch den gesicherten Atemweg, gutes Monitoring und die Verabreichung von 100 % Sauerstoff sicherer sein als eine starke Sedation. Sowohl bei Sedationen als auch bei Anästhesien ist eine adäquate Schmerzausschaltung erforderlich, gerade bei hämodynamisch instabilen Tieren kann sich andernfalls eine Erhöhung der Stresshormone sehr negativ auswirken.

Die Dauer einer Anästhesie erhöht beim gesunden wie beim kranken Patienten das Anästhesierisiko.

Wichtig ist in jedem Fall eine angemessene präanästhetische Stabilisation des Patienten:
- Bei vielen Traumapatienten (z. B. bei 60–80 % der Kopftraumata und Frakturen der Vordergliedmaße bzw. bei 10–20 % der Hintergliedmaße) treten begleitende respiratorische Probleme auf. Eine röntgenologische Abklärung kann hier das Anästhesiemanagement beeinflussen, z. B. muss ein Pneumothorax aufgrund der atmungsdepressiven Wirkung der meisten Anästhetika vor einer Anästhesieeinleitung behandelt werden;
- Die Stabilisierung des kardiovaskulären Systems ist unabdingbar, da die meisten Allgemeinanästhetika blutdrucksenkend wirken und ein hämodynamisch instabiler Patient hieran versterben kann;
- Bei Traumatisierung des Kopfes muss der intrakranielle Druck bzw. die ihn beeinflussenden Faktoren streng kontrolliert und ggf. interveniert werden.

Die präoperative Blutuntersuchung von kranken Tieren reduziert die perianästhetische Mortalität bei Hund und Katze. Die Bestimmung von „Notfallblutparametern" in der präoperativen Stabilisierungsphase ergibt Basiswerte, die das perianästhetische Management und die Verlaufskontrolle erleichtern.

7.2.3 Perioperatives Management

Die Wahl des Anästhesieprotokolls spielt, mit Ausnahme absolut kontraindizierter Medikamente, wahrscheinlich eine eher untergeordnete Rolle. Die wirklich wichtigen Faktoren für eine sichere Anästhesie des Traumapatienten sind das perioperative Management sowie die Verabreichung von Medikamenten nach Effekt.

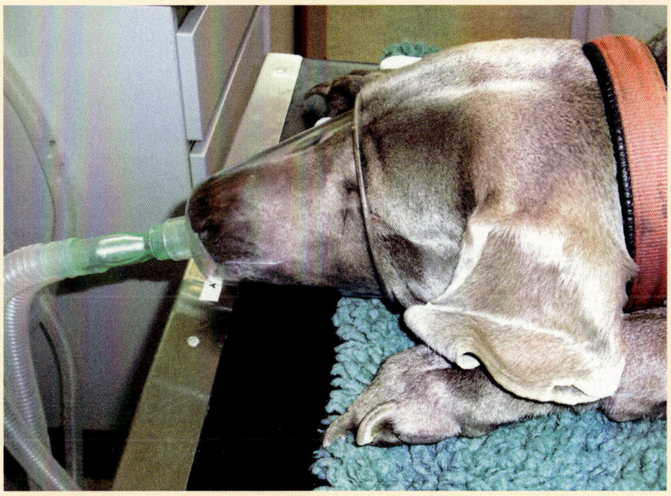

Abb. 7.8: Präoxygenierung mittels Sauerstoffmaske vor Einleitung einer Anästhesie.

Zeit spielt bei diesen Patienten eine wichtige Rolle, die Organisation der Abläufe (Planung und Vorbereitung) ist daher extrem wichtig. Die Anästhesiedauer sollte so kurz wie möglich gehalten werden. Jedes Tier mit einem Trauma sollte vor der Einleitung der Anästhesie präoxygeniert werden. Dies kann durch bereits gelegte Nasenkatheter, eine Maske (Abb. 7.8) oder in einer Sauerstoffbox erfolgen. Sobald die Muskelrelaxation beim Patienten einsetzt, muss auf vorsichtiges Handling des Patienten geachtet werden, um keine Verschlechterung des Zustandes auszulösen, dies gilt besonders für Wirbelsäulenverletzungen.

Lang wirksame Medikamente und Substanzen mit vasodilatatorischer Wirkung (v. a. Acepromazin und die Inhalationsanästhetika) sollen vermieden bzw. ihre Dosis so stark wie möglich reduziert werden. Dafür ist eine exzellente intraoperative Analgesie unabdingbar (s. o.). Für hämodynamisch instabile Patienten sollte die Dosierung der Notfallmedikamente immer vorsichtshalber ausgerechnet worden sein.

Mechanische Ventilation (manuell oder maschinell) sollte möglichst vermieden werden: Mechanisch ventilierte Hunde haben ein erhöhtes Anästhesierisiko. Zusätzlich können kleine Lungenrisse, welche sich nach dem initialen Trauma wieder verschlossen haben, durch den unphysiologisch hohen Atemwegsdruck wieder aufreißen und zu einem iatrogenen Pneumothorax führen. Patienten mit der Anamnese eines Pneumothorax sollte nur im Notfall ventiliert werden, generell sollte der positive intrathorakale Druck 10 cm H_2O nicht übersteigen.

7.2.4 Anästhesieprotokoll

Die **Prämedikation** des Traumapatienten erfolgt meist mit Opioiden, aber auch Benzodiazepine (z. B. Midazolam, Diazepam) können zur Prämedikation bei sehr angeschlagenen Patienten oder kurz vor der Einleitung verwendet werden. Medetomidin und Dexmedetomidin haben starke Auswirkungen auf das kardiovaskuläre System, werden aber wegen ihrer guten analgetischen Wirkung und der Reduktion der Stressantwort immer häufiger beim hämodynamisch stabilen Intensivpatienten in niedrigen Dosierungen intravenös eingesetzt. Das Anästhesiemonitoring beginnt sofort nach der Prämedikation, der Patient sollte ständig überwacht werden.

Eine **Anästhesieeinleitung** sollte grundsätzlich langsam nach Effekt des verwendeten Medikamentes erfolgen. Bei Hunden mit Blutverlust wurde die Einleitung mit Inhalationsanästhetika mit der Einleitung mit Ketamin und Diazepam verglichen, wobei sich die Injektionsanästhesie als deutlich sicherer herausstellte. Der Unterschied zwischen verschiedenen Injektionsanästhetika wurde jedoch nicht untersucht. Insgesamt scheint eine Verabreichung nach Effekt (bei ausreichender Präoxygenierung) wichtiger zu sein als die Art der verwendeten chemischen Substanz. Beim hämodynamisch instabilen Patienten kann die Anästhesie mit Midazolam kombiniert mit Fentanyl und/oder Etomidat eingeleitet werden.

Zur **Erhaltung der Anästhesie** werden oft Isofluran oder Sevofluran verwendet, wobei vor allem bei hämodynamisch instabilen Patienten durch die Verwendung von Lokalanästhetika und Opioiden die Konzentration so niedrig wie möglich gehalten werden sollte. Ketamin (bei Hund und Katze) und Lidocain (beim Hund) können nach Bedarf zusätzlich angewendet werden, um die Verdampfereinstellung zu reduzieren. Zusätzlich verursachen die Inhalationsanästhetika eine starke Atemdepression, daher wird bei hohen Konzentrationen eine mechanische Ventilation nötig, die aber möglichst zu vermeiden ist (s. o.).

7.2.5 Monitoring

Das Anästhesiemonitoring ist beim Traumapatienten sehr wichtig und beginnt spätestens zum Zeitpunkt der Prämedikation.

Ein wichtiger Faktor für die perianästhetische Mortalität beim Kleintier ist die An-/Abwesenheit einer zusätzlichen Person für das Anästhesiemonitoring. Generell ist – zusätzlich zu einer Person, welche die Vitalparameter zumindest alle fünf Minuten überprüft – folgendes maschinelles Monitoring angezeigt:

- EKG;
- invasive oder nichtinvasive Blutdruckmessung;
- Pulsoximetrie;
- Kapnografie.

Gerade bei der Katze reduziert der Gebrauch der Pulsoximetrie die perianästhetische Mortalität sowohl bei gesunden als auch bei kranken Tier. Beim hämodynamisch instabilen Patienten sollte die invasive Blutdruckemessung gegenüber der nichtivasiven Variante bevorzugt werden. Das Monitoring der Temperatur und die Erhaltung bzw. Wiederherstellung einer normalen Körpertemperatur sind beim Traumapatienten besonders wichtig.

7.2.6 Postoperatives Management

Mehr als die Hälfte der perioperativen Todesfälle ereignet sich in der Aufwachphase, davon wiederum 50 % in den ersten drei Stunden. Am Ende der Allgemeinanästhesie wird die Sauerstoffzufuhr oft durch das Abkoppeln des Patienten von 100 % auf 21 % reduziert. Es ist wichtig, eine ausreichende Sauerstoffsättigung sicherzustellen und im Zweifelsfall Sauerstoff zu supplementieren. Auch der Blutdruck sowie weitere kardiovaskuläre Parameter sollten weiterhin überprüft werden. Die Stabilisierung des Patienten ist bei Notfalloperationen nicht mit der chirurgischen Intervention abgeschlossen, sondern erstreckt sich weiter in die postoperative Phase.

Flowcharts

Zu Kapitel 2: Triage des Traumapatienten

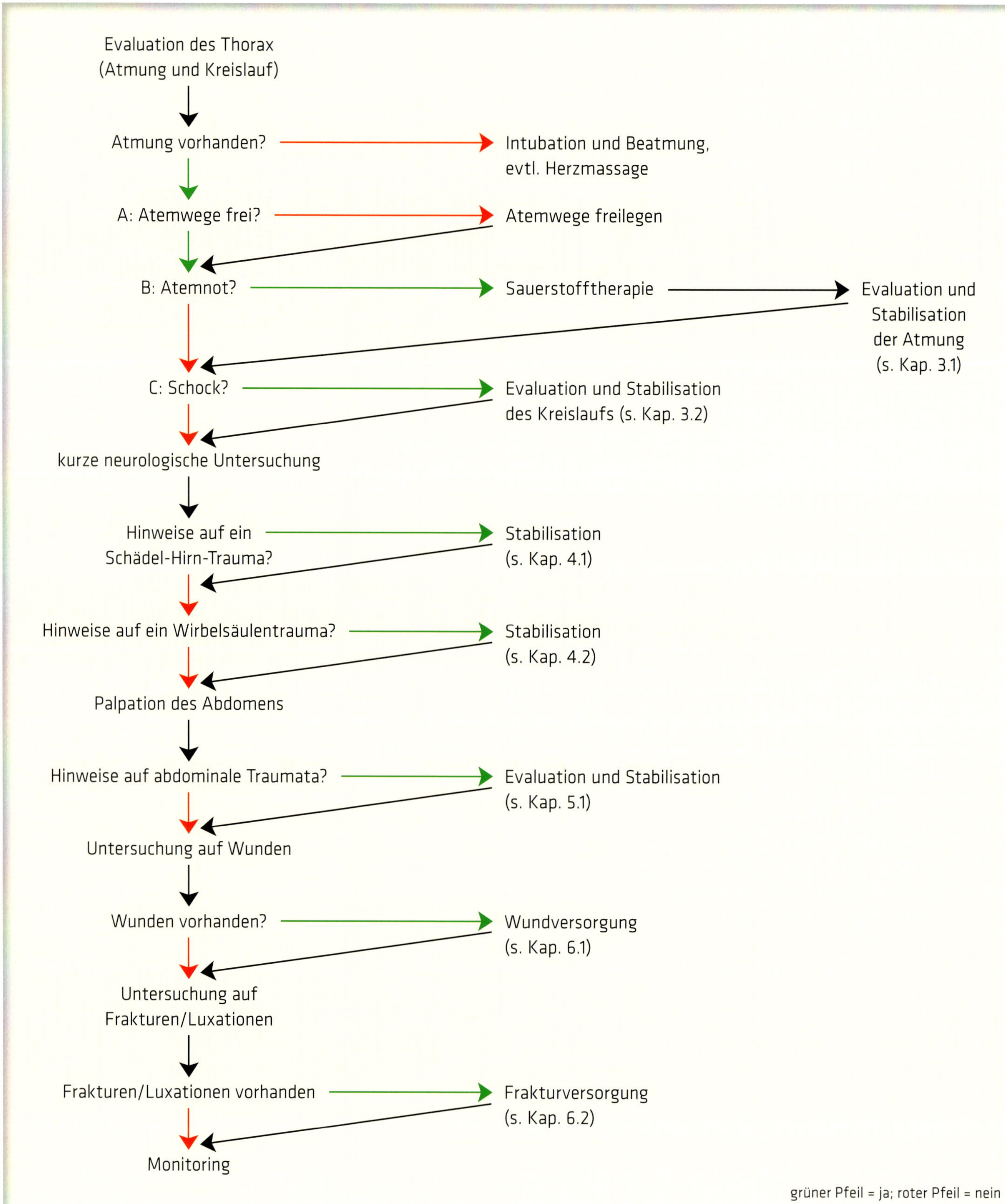

Zu Kapitel 3.1: Evaluation und Stabilisation der Atmung

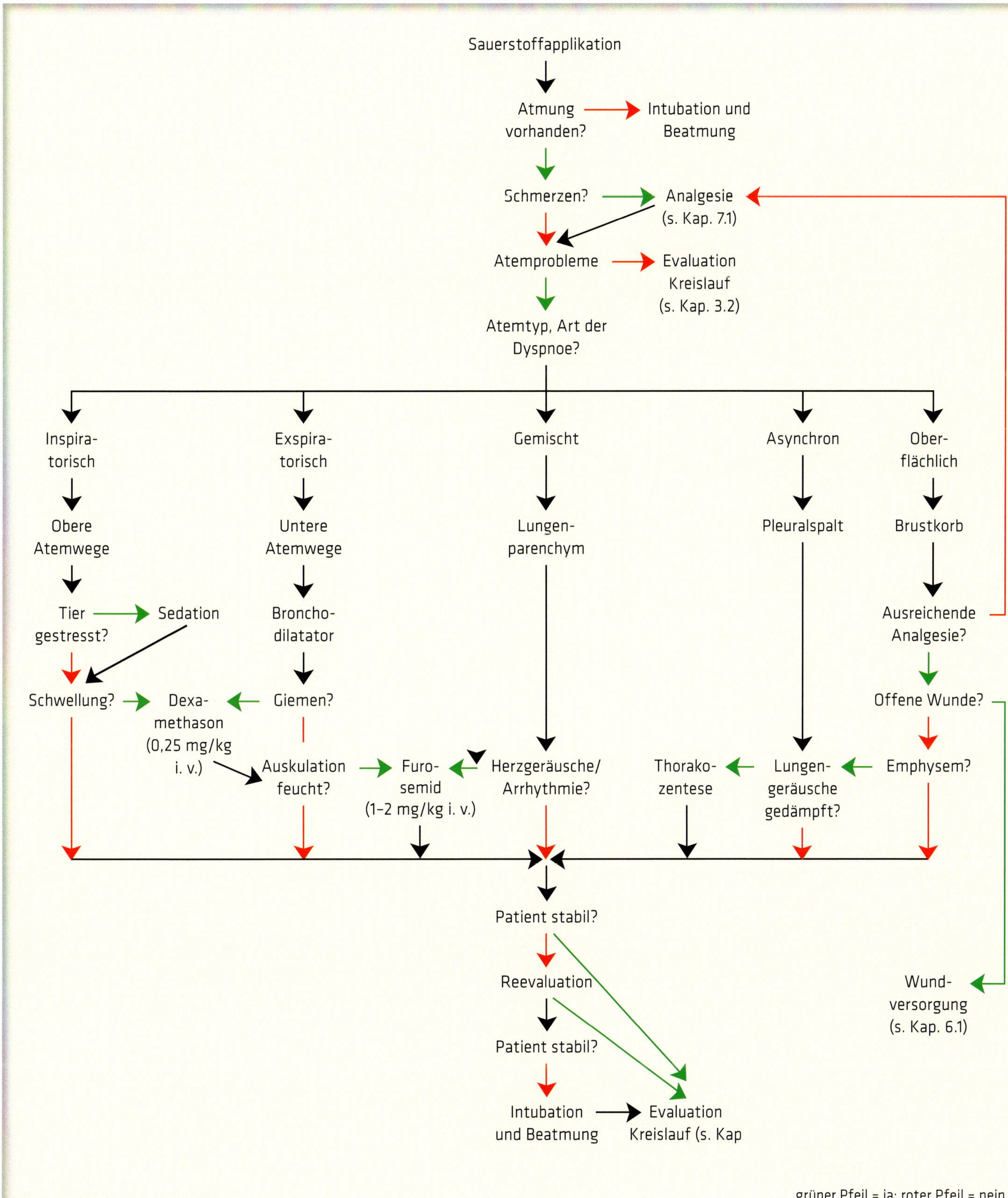

Zu Kapitel 3.2: Evaluation und Stabilisation des Kreislaufs

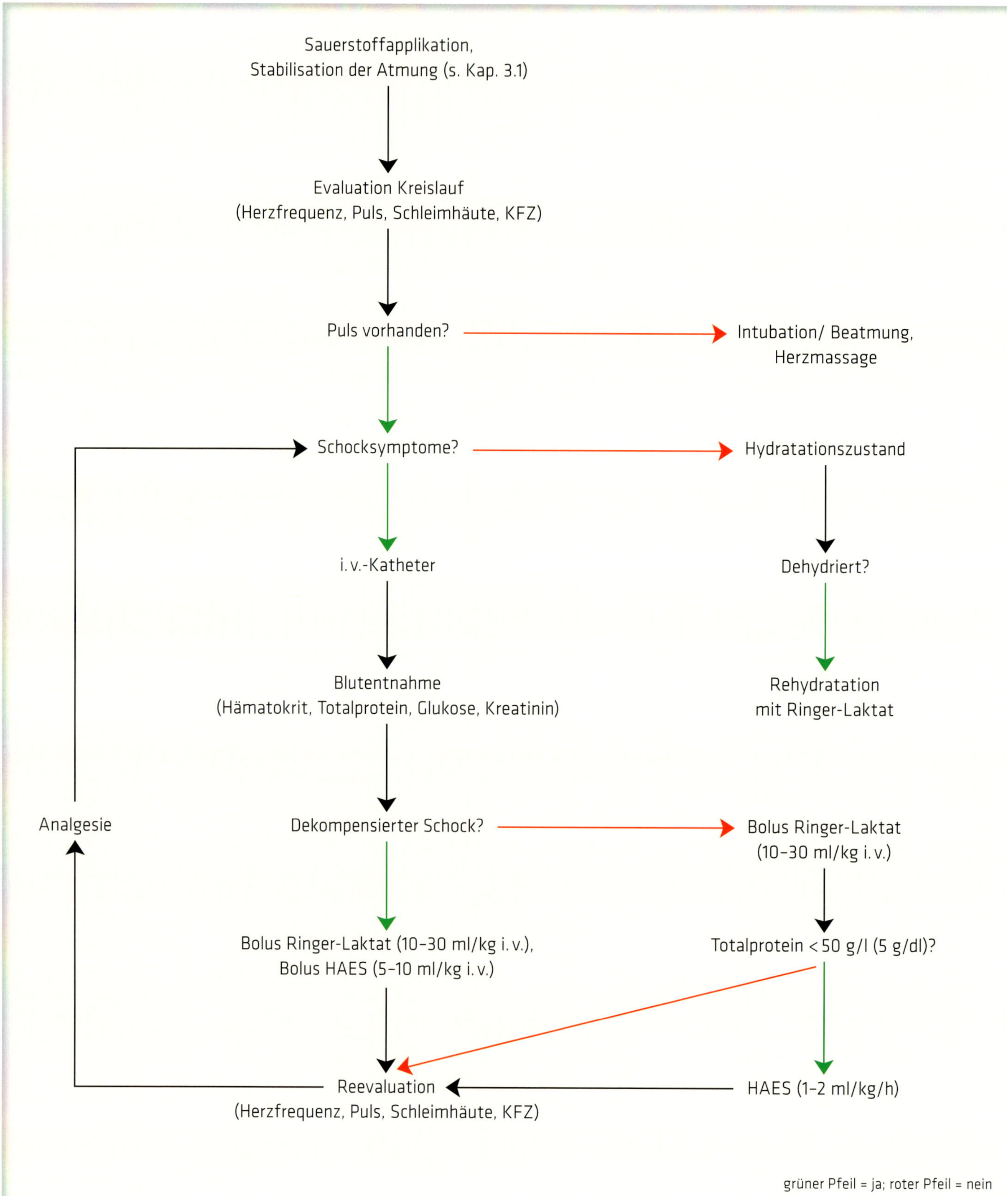

Zu Kapitel 4.1: Evaluation und Stabilisation des Schädel-Hirn-Traumas

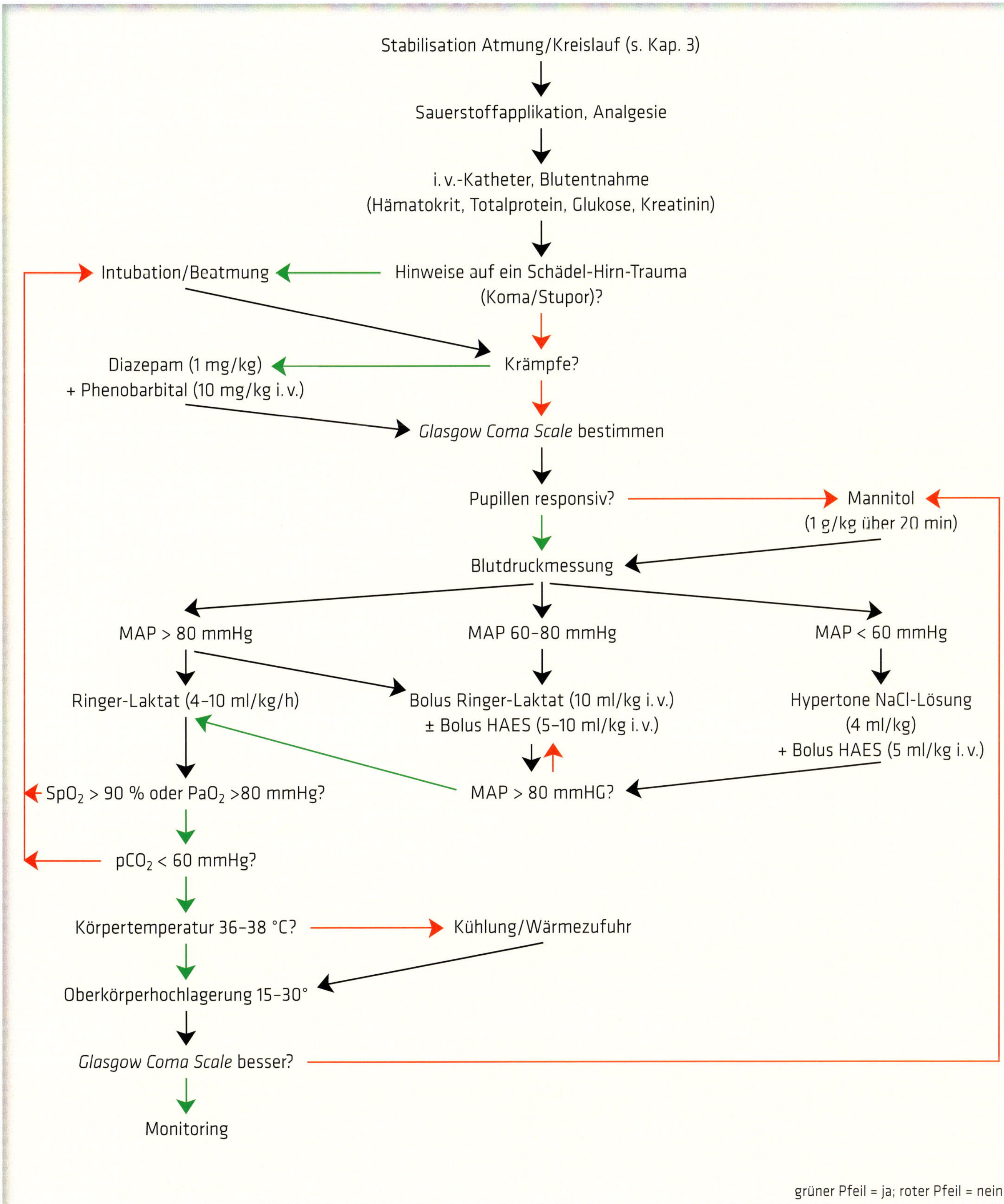

Zu Kapitel 4.2: Evaluation und Stabilisation des Wirbelsäulentraumas

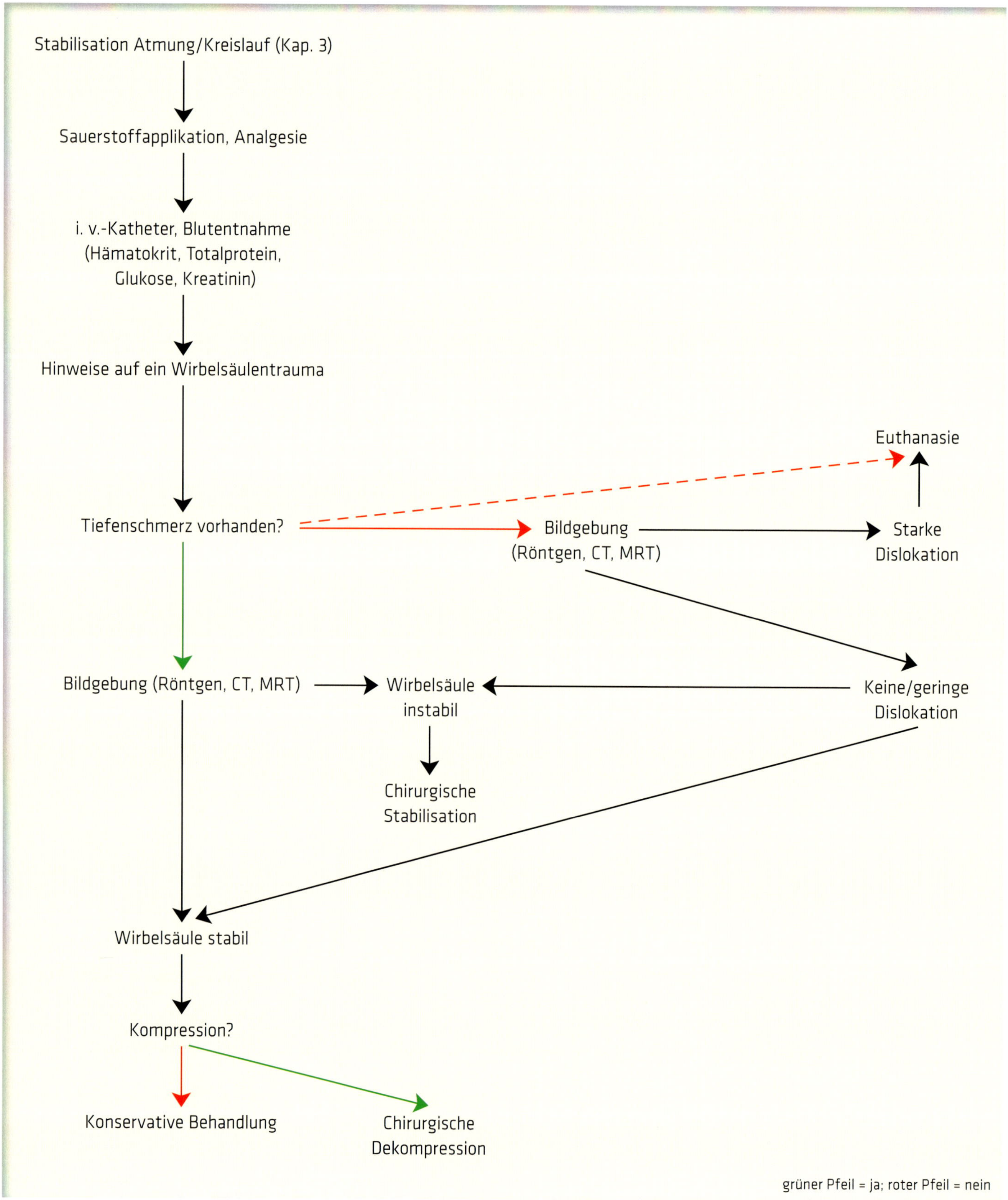

Zu Kapitel 5: Evaluation und Stabilisation des Abdomens

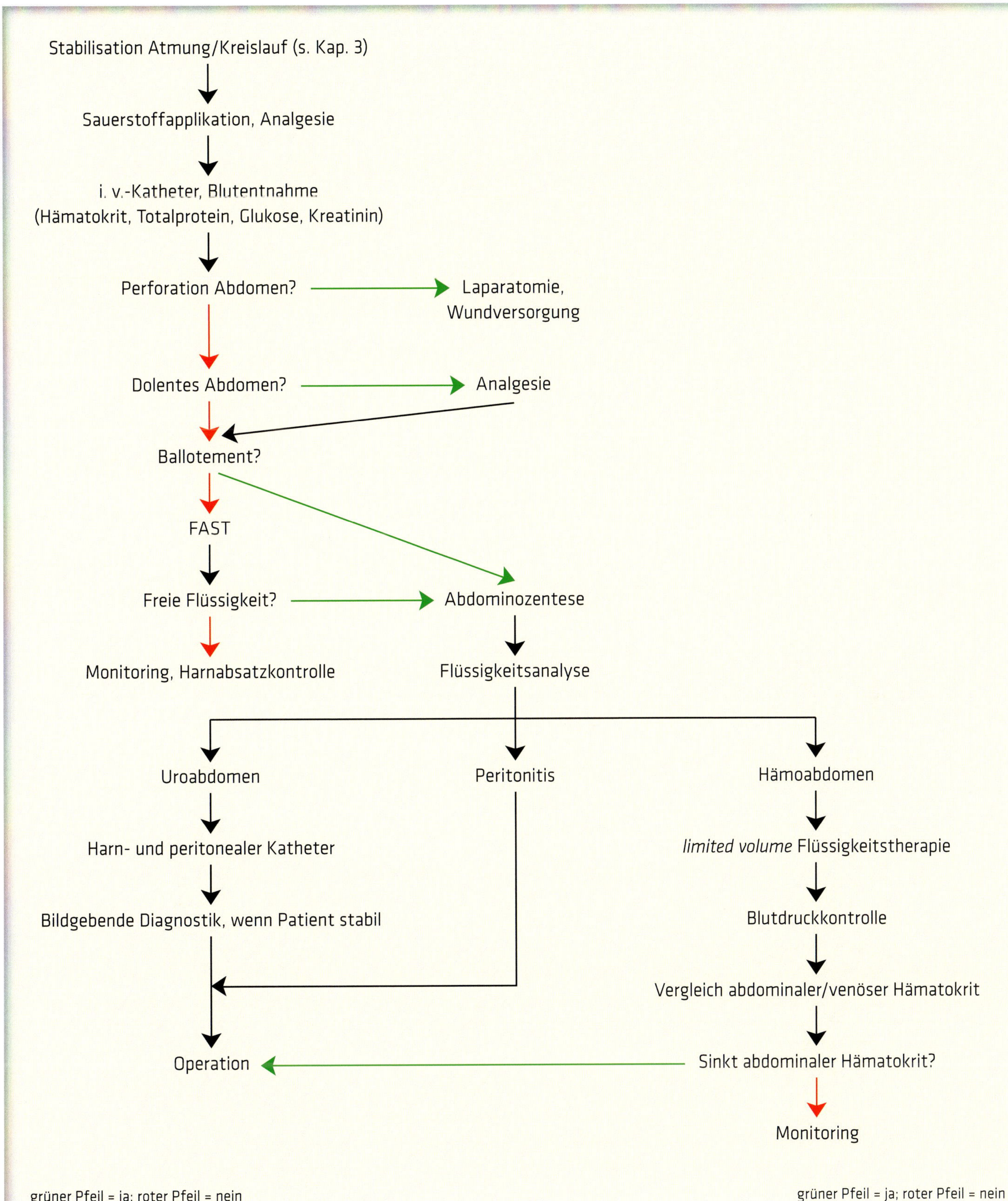

Zu Kapitel 6: Wundbehandlung

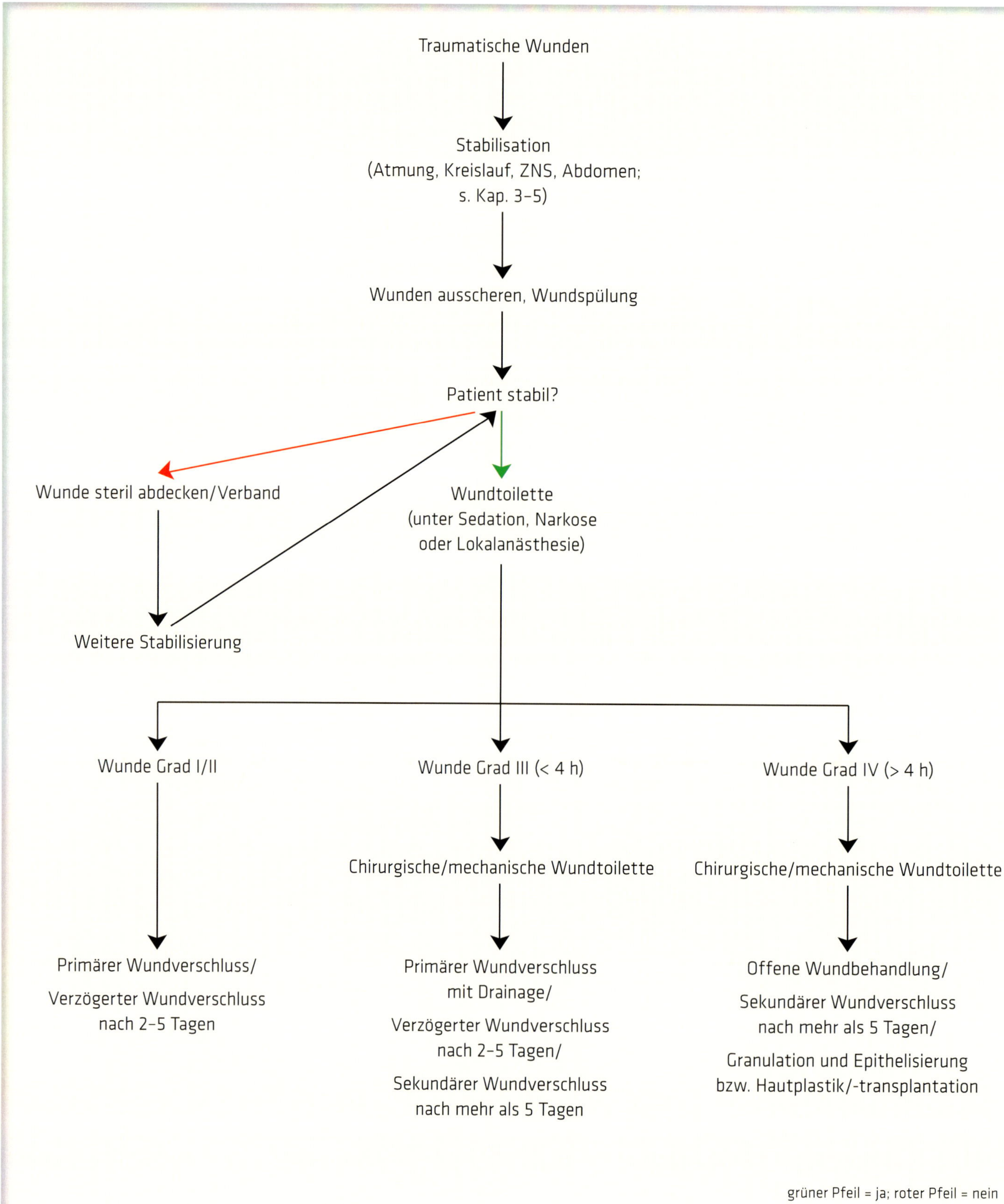

Zu Kapitel 7.1: Analgesie des Traumapatienten

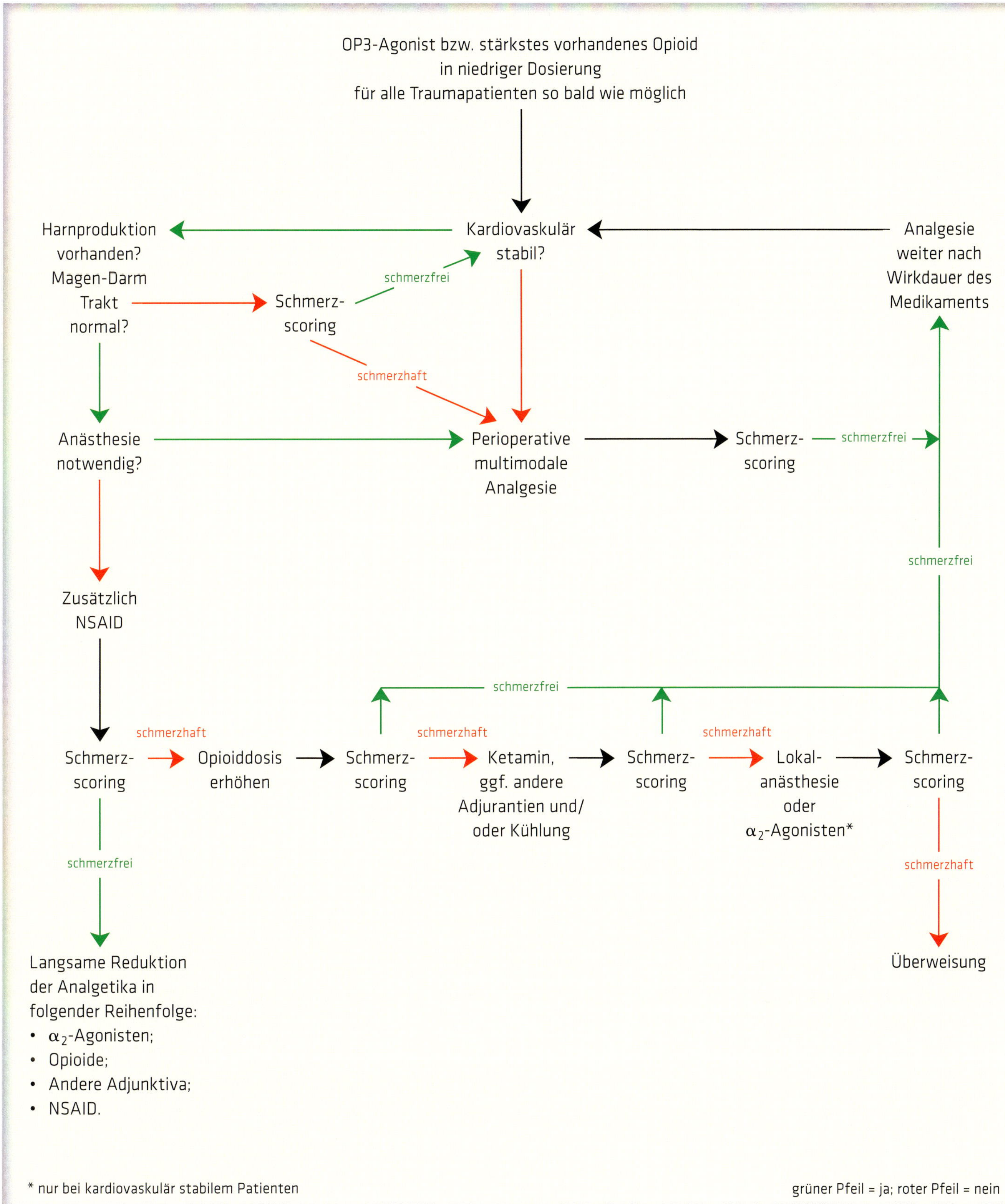

Zu Kapitel 7.2: Anästhesie des Traumapatienten

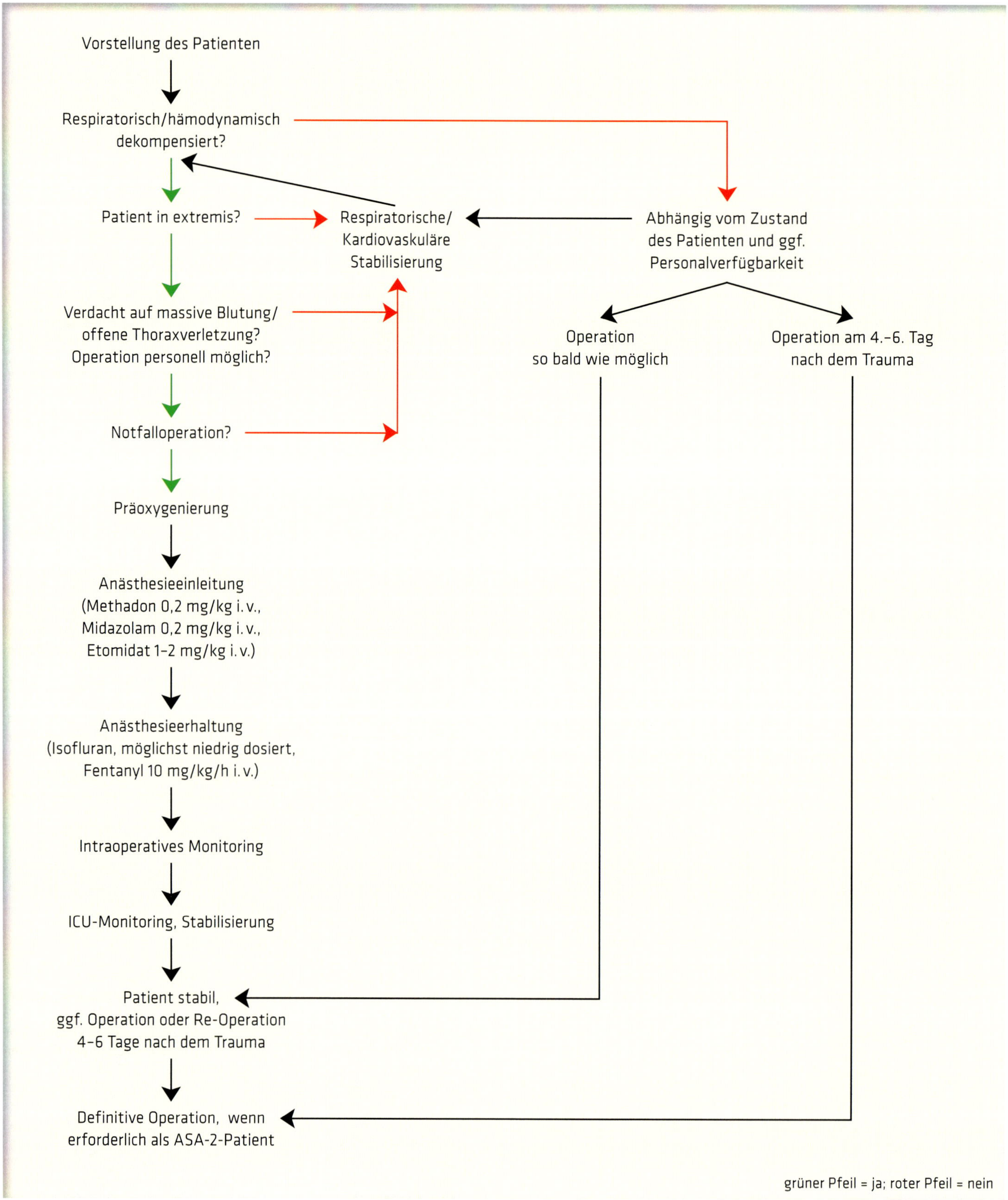

Anhang

Empfohlene Literatur

BEAL MW (2005): Approach to the acute Abdomen. Vet Clin North Am Small Anim Pract. **35**: 375–96.

BESALTI O, OZAK A, TONG S (2002): Management of spinal trauma in 69 cats. Dtsch Tierärztl Wochenschr **109**: 293–332.

BOAG AK, HUGHES D (2005): Assessment and treatment of perfusion abnormalities in the emergency patient. Vet Clin North Am Small Anim Pract **35**: 319–42.

BONCZYNSKI JJ, LUDWIG LL, BARTON LJ, LOAR A, PETERSON ME (2003): Comparison of peritoneal fluid and peripheral blood pH, bicarbonate, glucose, and lactate concentration as diagnostic tool for septic peritonitis in dogs and cats. Vet Surg **32**:161–6.

BOYSEN SR, ROZANSKI EA, TIDWELL AS, HOLM JL, SHAW SP, RUSH JE (2004): Evaluation of focused assessment with sonography for trauma protocol to detect free abdominal fluid in dogs involved in motor vehicle accidents. J Am Vet Med Assoc **225**:1198–204.

BRINKER D (2006): Handbook of small animal orthopedics and fracture repair. 4th ed., Saunders, Philadelphia.

CAMPBELL VL, KING LG (2000): Pulmonary function, ventilator management, and outcome of dogs with thoracic trauma and pulmonary contusions: 10 cases (1994-1998). J Am Vet Med Assoc **217**:1505–9.

CAMPS-PALAU, MARKS SL, CORNICK JL (1999): Small animal oxygen therapy, Comp Cont Educ Pract Vet **21**:587–98.

FLECKNELL P, WATERMAN-PEARSON, A (2000): Pain Management in Animals. Saunders, London.

FOSSUM TW (2009): Chirurgie der Kleintiere. 2nd ed., Urban & Fischer, München.

GRASMUECK S, STEFFEN F (2004): Survival rates and outcomes in cats with thoracic and lumbar spinal cord injuries due to external trauma. J Small Anim Pract **45**: 284–8.

HAWTHORNE JC, BLEVINS WE, WALLACE LJ, GLICKMAN NG, WATERS DJ (1999): Cervical Vertebral Fractures in 56 dogs: A Retrospective Study. J Am Anim Hosp Assoc **35**: 135–46.

JACKSON CB, DROBATZ KJ (2004): Pulmonary Contusion. In: KING LG (ed.): Textbook of Respiratory Diseases in Dogs and Cats. Saunders, Philadelphia; pp. 472–9.

KERR C (2007): Pain Management. I: Systemic analgesics. In: SEYMOUR C, DUKE-NOVAKOVSKI T (eds.): Manual of Canine and Feline Analgesia. 2nd ed. British Small Animal Veterinary Association, Gloucester; pp. 89–103.

KING L, BOAG A (2007): Canine and Feline Emergency and Critical Care. 2nd ed., British Small Animal Veterinary Association, Gloucester.

LEMKE K (2007): Pain Management II: Local and regional anaesthetic techniques. In: SEYMOUR C, DUKE-NOVAKOVSKI T (eds.): Manual of Canine and Feline Analgesia. 2nd ed. British Small Animal Veterinary Association, Gloucester; pp. 104–14.

MCKEE WM (1990): Spinal trauma in dogs and cats: A review of 51 cases. Vet Rec **126**: 285–9.

MOORE KE, MURTAUGH RJ (2001): Pathophysiologic characteristics of hypovolemic shock. Vet Clin North Am Small Anim Pract **31**: 1115–27.

OLBY N, LEVINE J, HARRIS T, MUNANA K, SKEEN T, SHARP N (2003): Long-term functional outcome of dogs with severe injuries of the thoracolumbar spinal cord: 87 cases (1996–2001). J Am Vet Med Assoc **222**: 762–9.

PATTERSON RH, SMITH GK (1992). Backsplinting for treatment of thoracic and lumbar fracture/luxation in the dog: principles of application and case series. Vet Comp Orthop Trauma **5**: 179–87.

PAVLETIC M (2010): Atlas of small animal wound management & reconstructive surgery. 3rd ed., Wiley-Blackwell, Ames.

PLATT SR, RADAELLI ST, MCDONNELL JJ (2001): The prognostic value of the modified Glasgow Coma Scale in head trauma in dogs. J Vet Intern Med **15**: 581-4.

POWELL LL, ROZANSKI EA, TIDWELL AS, RUSH JE (1999): A retrospective analysis of pulmonary contusion secondary to motor vehicle accidents in 143 dogs. J Vet Emerg Crit Care **9**:127–36.

PROULX J, DHUPA N (1998): Severe brain injury. Part I: Pathophysiology. Compend Cont Educ Pract Vet **20**: 897–905.

PROULX J, DHUPA N (1998): Severe brain injury. Part II: Therapy. Compend Cont Educ Pract Vet **20**: 993-1006.

ROZANSKI EA, CHAN D (2005): Approach to the patient with respiratory distress. Vet Clinics North Am Small Anim Pract **35**: 307–17.

RUDLOFF E, KIRBY R (1998): Fluid therapy. Crystalloids and Colloids. Vet Clin North Am Small Anim Pract **28**: 297–328.

SHARP NJH, WHEELER SJ (2005): Small Animal Spinal Disorders. 2nd ed., Mosby, Edinburgh.

SIGRIST N (2010): Stabilisation des Notfallpatienten. Teil I: Atmung. Kleintierpraxis **55**: 85–97.

SIGRIST N (2010): Stabilisation des Notfallpatienten. Teil II: Kreislauf. Kleintierpraxis **55**: 140–55.

SIGRIST N (2010): Stabilisation des Notfallpatienten. Teil III: Bewusstsein. Kleintierpraxis **55**: 319–29.

SIGRIST N (2008): Thoracocentesis. In: SILVERSTEIN DC, HOPPER K (eds.): Small Animal Critical Care Medicine, Saunders, Philadelphia, 131–3.

SIGRIST N (2008): Thoracostomy tube placement and drainage. In: SILVERSTEIN DC, HOPPER K (eds.): Small Animal Critical Care Medicine, Saunders, Philadelphia, 134–7.

SIGRIST N (2005): Transfusionsmedizin bei Hund und Katze. Veterinärspiegel **15**: 11–5.

SIGRIST N, ADAMIK KN, DOHERR MG, SPRENG DE (2010): Evaluation of respiratory parameters at presentation as clinical indicators of the respiratory localization in dogs and cats with respiratory distress. J Vet Emerg Crit Care; DOI: 10.1111/j.1476-4431.2010.00589.x.

SIGRIST N, DOHERR MG, SPRENG DE (2004): Clinical findings and diagnostic value of post-traumatic thoracic radiographs in dogs and cats with blunt trauma. J Vet Emerg Crit Care **14**:259–68.

SIGRIST N, SPRENG DE (2008): Traumatisches Hämoabdomen. Kleintierpraxis **53**: 777–86.

SIGRIST N, SPRENG DE (2007): Stabilisierung des neurologischen Notfallpatienten. In: JAGGY A (Hrsg.): Atlas und Lehrbuch der Kleintierneurologie. 2. Aufl., Schlütersche, Hannover; S. 237-69.

SLATTER D (2003): Textbook of small animal surgery. 3rd ed., Saunders, Philadelphia.

SOMMER K (1998): Frakturen, Luxationen und Luxationsfrakturen der Wirbelsäule bei Hund und Katze. Diss. med. vet., München.

WILLIAMS J, MOORES A (2009): Manual of canine wound management and reconstruction. 2nd ed., British Small Animal Veterinary Association, Gloucester.

Bildnachweis

Außer den nachfolgend genannten Abbildungen stammen die in diesem Buch verwendeten Abbildungen von den Autoren der jeweiligen Kapitel:

Titelfoto: David Spreng

Abb. 3.31: alexonline – fotolia.com, bearbeitet von PER

Abb. 4.8: Esther Haßdenteufel, Gießen

Abb. 4.14: Kerker + Baum Büro für Gestaltung, Hannover

Abb. 5.6: Kerker + Baum Büro für Gestaltung, Hannover

Abb. 7.1 und 7.7: Nadja Sigrist, Vetsuisse-Fakultät Bern

Abb. 7.3a und 7.3b: Martina Mosing, Vetsuisse-Fakultät Zürich

Abb. 7.5: University of Glasgow

Stichwortverzeichnis